ボーダーレス化する食

相原　修 ［編著］

髙井　透・宇田　理・木立真直・戸田裕美子

新井田　剛・横山斉理・田中幸治　［著］

創 成 社

まえがき

　本書は，日本大学商学部の特定プロジェクト共同研究「IEO 市場の変貌とグローバル展開」(平成 26 年度，平成 27 年度) の成果である。

　IEO (Informal Eating Out) とは，気楽に食べられる外食の事をさし，具体的にはファストフードのような外食や，コンビニエンスストアで米飯，惣菜などを購入し食事とすることである。IEO の提供企業としては，マクドナルド，スターバックスなどのフードサービス業や 7-11 のようなコンビニエンスストアが代表的であり，またスーパーマーケットや百貨店も惣菜など食品に力を入れており，近年注目されている市場である。

　IEO の誕生は先進国であり，サービス経済が進むとともに，朝昼晩定期的に決まった時間に食事をとるという時代から，時間に囚われないで自由気ままに食を楽しむ形が増加してきた。それらを提供するフードサービス企業が様々な業態を開発し，有望な市場として規模の拡大を見せている。また市場の変化対応のため従来は食材の提供を主として来たスーパーマーケットやハイパーマーケットなどの食品小売りがミールソリューションという概念で食材を提供するのでなく食事を提供してきている。

　先進国のみならず，IEO は新興国でも注目を浴びている。企業が，市場で生き残るには，市場が伸び，競争相手が少ない市場を選択することが一つであり，新興国の IEO 市場がその代表例として注目されている。アメリカや日本のフードサービス業が中国はもとより東南アジアに進出し現地の人々に受け入れられている。小売業の進出を認めていない国へは，コンビニエンスストアがレストランとして出店し，物販も並行して行なうという形式をとっている例もある。

　さらに目を広く世界に向けると，世界の人口は 1970 年 37 億人であったものが 2016 年にはほぼ倍の 74.6 億人に達し，2030 年には 85 億人を超えると予想さ

れている。人口の増大とともに IEO のみならず食の市場の規模が拡大してきている。その中で日本の食が世界の注目を浴びつつある。2013 年に和食がユネスコ無形文化遺産として登録されている。その後 2015 年イタリアのミラノで「食」をテーマに国際博覧会が開催された際は，日本館は「行列のできるパビリオン」として，地元イタリア館と並んでトップランクの人気度を誇った。

　また現在はインバウンド人気が高まってきている。2018 年の訪日外客数は日本政府観光局（JNTO）によると 3,119 万人に及び，観光目的の一つに日本食を食べることが挙げられている。今では寿司はもとより，ラーメンやうどん，定食屋，居酒屋などの業態を外国人が楽しみ，それら業態が東南アジアを中心に世界に進出し受け入れられてきいる。

　このように国境というボーダー（境界）がなくなりつつあり，また外食，中食，家庭内食のボーダーも消えつつある。このボーダーレス化してきている「食」について，食を提供している食品製造業，卸売業，小売業，飲食業，さらに消費者の変化について，各人の専門分野を中心に研究した結果が本書になる。研究の途中では，日本大学商学部の公開講演会を「ボーダーレス化する食」と題して行った。本書のタイトルも，それに由来する。

　ボーダーレス化が進展し，IEO を提供している企業が勢力を持つと世界の食べ物が均一化していくように思われる。しかし日本各地でも固有の食文化が存在するし，日本の寿司は，世界各地で現地に適合するバリエーションを織り交ぜて食されている。このような食の変化の行方を今後も研究していく予定である。

　最後に私たちの共同研究に協力いただいた実務家の方々，内外の研究者の方々，そして日大商学部で事務処理を的確に行い支援いただいた研究事務課職員の方にも感謝の言葉を申し上げたい。

　また刊行にあたって最初から最後までお世話いただいた創成社の塚田尚寛社長，担当の西田徹氏にお礼申し上げます。

　2019 年 2 月吉日

研究者代表　相原　修

目　次

まえがき

第1章　水産ビジネスにおける新規事業創造とイノベーション
―日本水産（株）の養殖事業の開発事例― ――――――1
1．はじめに …………………………………………………1
2．事業と組織の成熟化 ……………………………………2
3．新規事業創造に立ちはだかる壁―分析枠組み ……………4
4．本研究の課題と位置づけ ………………………………6
5．日本水産（株）の黒瀬ブリの開発事例 ………………8
6．ディスカション ……………………………………22
7．おわりに―生き物というイノベーションの新規事業 ……27

第2章　外食産業における商社の役割の変遷についての一考察
―三菱商事の川下進出を中心にして― ――――――33
1．はじめに …………………………………………………33
2．先行研究と分析視角 ……………………………………36
3．三菱商事の事業経営能力の生成―日本 KFC の事例 ………39
4．三菱商事の事業経営能力の展開―クリエイト・レストランツ・
　　ホールディングスの事例 ………………………………47
5．おわりに …………………………………………………54

第3章　日本における中食産業の発展と産業構造の多層性 ―61
1．はじめに―成長を続ける中食市場― ……………………61
2．中食の概念規定―商品と行為・行動の2つの視点から― ……63
3．中食産業の発展と業種・業態の多様性 …………………67
4．中食産業の多層的サプライチェーン ……………………73

5．おわりに―中食産業の多層的構造と消費者への食生活への貢献
　　　　　………………………………………………………………83

第4章　Marks and Spencer 社における CSR 活動の史的変遷とヘルシー・イーティング戦略の諸問題 ————89

　1．はじめに………………………………………………………………89
　2．英国における CSR 政策 ………………………………………………91
　3．M&S の CSR 戦略の史的変遷………………………………………94
　4．食品事業における CSR としてのヘルシー・イーティング戦略の展開 ……………………………………………………………107
　5．おわりに………………………………………………………………118

第5章　ミールソリューションの国際比較
　　　　　―アジア地区を中心に― ————125

　1．はじめに ………………………………………………………………125
　2．フードサービス市場規模 ………………………………………………125
　3．フードサービス産業が未発達な国々 …………………………………129
　4．フードサービスの利用が盛んな国・地域 ……………………………138
　5．混成型の国・地域 ……………………………………………………152
　6．国際比較 ………………………………………………………………164

第6章　大規模商業施設によるまちづくりの成功要因についての探索的研究
　　　　　―fsQCA を用いた成功条件パターンの識別― ————173

　1．はじめに………………………………………………………………173
　2．先行研究のレビュー …………………………………………………174
　3．方法：質的比較分析（QCA）………………………………………180
　4．データ ………………………………………………………………182
　5．fsQCA ………………………………………………………………188
　6．おわりに………………………………………………………………193

第7章　学校における食育の進め方について（提言）
―家庭・食品関連事業者等との連携を通して― ―――――207

1．はじめに ……………………………………………………207
2．学校の食育を進めるにあたって …………………………208
3．学校における食育の進め方（各種連携を通して）…………214
4．おわりに ……………………………………………………232

索　引　241

第1章

水産ビジネスにおける新規事業創造とイノベーション
―日本水産（株）の養殖事業の開発事例―

1．はじめに

　企業が持続的に成長するためには，多様な事業で培った経営資源をいかに新規事業の創造につなげるのかということが重要な課題になる。しかし，新規事業を成功裏に行うことは簡単なことではない。とくに，コア事業の規模が大きければ大きいほど，新規事業の創造は困難になる。意外と新規事業の創造が異分野で成功する事例が散見されるのは，コア事業とは異なるために，本業の事業評価の軸が適用されないからである。たとえば，富士フイルムの化粧品事業の成功は，本業との距離があったことも一つの大きな要因と考えられる。

　しかし，老舗企業などの長期存続企業の場合，長い伝統の中で蓄積した経営資源は強みである一方，新規事業を創造する場合には，その資源が負の遺産となるケースも多い。本稿では老舗企業[1]が長い事業展開の中で蓄積した経営資源に着目する。いかに資源の持つ負の側面を克服して新規事業の創造につなげるのかという，資源のシナジーにフォーカスを当てて分析していくことにする。

　そこで本稿では，水産事業分野の老舗企業である日本水産（株）（以下，日水）を分析の対象とする。日水は，コア事業である水産ビジネスをメインとする世界的な企業である。その一事業部門である養殖事業分野を，分析のター

ゲットとする。というのも，養殖事業は本業の水産ビジネスの一部門であるため，コア事業の影響が強く，その影響の下で新規事業の創造を図る必要がある。そのため，本業とのシナジー関係も明確に分析することが可能になる。

2．事業と組織の成熟化

　成熟化からの脱却。ここ数年，日本企業の多くが持続的成長のキーワードとして取り組んでいる戦略的な課題である。しかし，成熟化へ戦略的に対応するためには，成熟化という現象の本質をきちんと見極める必要がある。

　企業が成熟化を迎えるということは，二つの大きな課題に直面するということである。つまり，「事業の成熟化」と「組織の成熟化」（寺本1990）である。この二つの成熟化は，一方が他方を相互に促進することで，企業の環境適応を阻むことになる。事業が成熟化のピークを迎え，企業が大胆にコア事業の転換や新分野への多角化に打って出なくてはならない，まさにその時に組織は成熟化し，活力を低下させるのである。この二つの成熟化は，次のような課題をもたらす。

　第一の課題は，成功パラダイムの固定化である[2]。成熟化している事業というのは，かつてのコア事業であることが多い。そのため，コア事業で培った成功パラダイムから脱却できない人材が組織の中枢にいることになる。このような人材は，既存の成功パラダイムで戦略を策定し，実行しているために，競争・市場環境の変化を認識することが遅くなる。実際，多くの企業がコア事業の成熟化を迎えることが何年も前からわかっていても，事業変革を進めることができずに衰退していくことが多い。そのため，成熟化を脱却する成功事例をみても，組織の本流からいったんはずれた経験のある人材が，成熟化を脱却するための新規事業に取り組んで成功するケースが多い[3]。

　第二の課題は，本業の物差しで新規事業の成功が測られてしまうことである。この傾向は，本業の規模が大きければ大きいほど顕著になる。新規事業の基本である「小さく入って大きく育てる」という鉄則が無視されるからであ

第1章　水産ビジネスにおける新規事業創造とイノベーション　○————3

る。売上が何千億という本業と比べれば，数十億のビジネスでは規模が小さすぎるからである。そのために，新規事業をうまく生かすためには，本業との連動をいかに創り出すかということが重要になる。しかし，それがまた，新規事業への過剰なシナジーの期待を生み出すことになる。本社のシナジーバイアス（Goold & Campbell 2002）と言っても過言ではない。事実，技術的にシナジーがあるからといって違う事業分野に進出しても，競争・市場環境が異なるので簡単にシナジーを創りだすことはできない。最終製品を取り扱っているからといって小売業界に進出し，失敗する製造業などはその典型例であろう。最終市場で事業を創り出すためには，独特のノウハウが必要となるからである。

　技術的にも簡単にシナジーを創り出すことはできない。たとえば，複写機とレーザー・プリンターといった製品間でも，部品を共有化するにはそれなりに設計に工夫が必要になるし，コストもかかることになる（沼上 2009）。そしてなによりも，異なった事業部門の資源を活用して新規事業を開発する場合，専門分野での使用する言語が異なるために，コミュニケーションを簡単に取ることができないという問題が生じてくることもある[4]。

　最後の課題が活用と探索の問題である。組織が持続的に成長するには活用と探索という二種類の活動が必要になる（March 1991）。活用とは，蓄積した知識や技術，ノウハウをさらに効果的に使うことで，生産性などを高める作業である。逆に，探索とは，従来の領域とは異なる知識や技術を探り，新たな事業機会を見つけ出そうとする作業である。難しいのは，活用と探索という二種類の活動は，業務の進め方やプロセス，評価基準など多くの点で異なるということである[5]。活用を重視する戦略をとると，新規事業創造の活動は阻害され，探索を重視しすぎると，収益性の低下につながる。多くの組織では，このバランスをうまく取ることができないために，シナジーを創り出せないだけではなく，新規事業の創造が停滞することにもなる。とくに，新規事業の場合，現在のコア事業から投資を回すため，当然，組織内の政治的圧力が働くことになり，トップのお墨付きがない限りは，既存事業とのシナジーを視野に入れた新規事業の探索活動が行われなくなってしまう。

4———○

　以上が多角化企業の新規事業の創造を阻む主要な課題である。これらの組織的な要因が，結局は，既存のコア事業展開を通じて蓄積してきた資源の持つ可能性を見失わせることにつながる。そのため，優れた既存の経営資源を持っていても，それを市場のニーズに結びつけることができなくなるのである。

3．新規事業創造に立ちはだかる壁－分析枠組み

　それでは，どのようにすれば上記の課題を解決して新規事業を生み出すことができるのであろうか。新規事業においては，まずは新たな事業領域の探索が必要となる。その際には，たとえ既存の事業領域とは大きく異なっていたとしても，それまでの事業で培ってきた経営資源を可能な限り生かせる領域を探し出さねばならない。無からではなく，自社の強みを生かせるからである。こうして探し出した新規事業に対しては，既存の事業からの資源提供を含めて，既存事業との間でシナジーを実現させ，新規事業の立ち上げを効果的に行うこととなる。ところが，新規事業を創造するには，前述したような課題が存在する。本節では，新規事業創造に関連する諸課題を改めて概念的にパラフレーズしてみよう。ここでは，新規事業創造の壁という概念を用いて議論する。

　第一の壁は，経営資源を解釈する時に，既存の資源を適正に評価できるのかという本業の壁である[6]。前述したように，本社はシナジー創造を簡単に考える傾向がある。そのため，新規事業がコア事業と関連性が高い場合，市場規模の大きさが期待され，新規事業を育成するために必要とされる期待時間が短期的になる傾向がある。さらには，本社が既存資源の持つ応用可能性をどの程度，認識できるかも重要な要素となる。というのも，コア事業の成熟化と，技術などを含めた経営資源の成熟化を同一と捉えることも多く，しかも資源の見方そのものが固定化する傾向を持つ。そのため，事業が成熟化すれば，資源が本来もつであろう競争優位性を見失うこともありうるからである。

　第二の壁が既存事業と新規事業との事業部間の壁である。つまり，組織の壁である。各事業部は，競争・市場環境が異なるために，どうしても，自部門を

中心とした部分最適な意思決定をすることが多い。また，技術開発でも，短期的な視点になり，活用と探索のバランスを取らなくてはならないが，極端に活用にシフトすることも多い[7]。シナジーを創り出すためには，この部分最適志向の意思決定を乗り越えて，全体最適の視点に立ち，自部門での活用だけではなく，新規事業部門での探索に向けてシナジーの実現に協力しなければならない[8]。

組織の壁には，もう一つグループとしての壁が存在する。大企業になれば，グループ内に多様な資源を有する企業を抱えている。しかし，そのグループの資源をうまく活用できないケースも多い。たとえば，本社のコア事業とは異なるドメインで事業展開しているグループ企業などは，本社では事業の評価そのものができないために，シナジーを創り出せないというケースもある。また，たとえ今後のコア事業となる可能性を持ったグループ企業でも，コーポレートにそのグループの持つ事業を適切に評価できる人材がいなければ，グループ企業の持つポテンシャリティを引き出すことはできない。

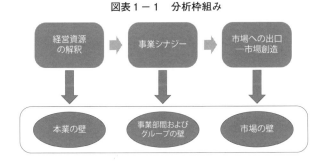

図表1－1　分析枠組み

最後が市場の壁である。新規事業では，新たな製品・サービスを開発して新事業に参入したとしても，新たな事業での市場開拓が待ち受けている。既存事業で培ってきたマーケティングノウハウは，必ずしもそのまま使えるとは限らないからである。既存の資源をベースに創り出した製品を，新たな市場に結びつけ，新たな顧客とのつながりを創り込むときに立ちはだかる壁である。とくに，コア事業がBtoBビジネスであるにもかかわらず，新規事業がBtoCで

あったり，その逆の場合であったりするときには，この壁が大きな課題になる。組織的に新規事業創造を成功に導くためには，この三つの壁をいかに乗り越えるかということが成功のためのポイントになる。

　本稿の分析枠組みの特徴は，これまでの研究では十分には解明されていない，既存の経営資源の解釈から市場開拓までのダイナミックな新規事業創造のプロセスを，その射程に入れていることである（図表1－1）。そして，この新規事業創造のプロセスを事例研究をベースに解明する。事例分析の対象企業としては，前述したように，食品業界の老舗企業である日水を取り上げる。成熟したコア事業を持っており，新規事業の創造が企業の長期存続には必要不可欠であるからである。さらに，コアな事業ドメインが食品事業に絞られていることからも，三つの壁の越え方のプロセスが比較的わかりやすいという側面もある。というのも，異業種への参入と異なり，新規事業創造においての本業との関わりが明確になるからである[9]。しかも，本稿で取り上げる養殖事業では，グループ企業が中核的な役割を果たしていることから，組織内だけではなく，組織間の両方の壁の越え方も議論することが可能になる。

4．本研究の課題と位置づけ

　新規事業創造の研究では，市場に関連する課題についてはマーケティング分野で，組織的な事業創造の仕組みについての課題は戦略論の分野で，イノベーションによる新規事業創造は技術戦略論の分野で，組織間関係による新規事業創造については組織間関係論やアライアンスの分野で，それぞれ取り扱うというケースが多かった。つまり，市場，技術，組織（及び組織間）という三つのファクターを同時に視野に入れながら，新規事業の創造を議論した研究は少ない。とくに，グループ企業の資源シナジーを射程に入れながら新規事業創造を議論した研究はさらに少ないのが現状であろう。

　そこで，本稿では既存研究が十分には解明していない組織，技術，市場の三つを分析の視野に入れながら，新規事業創造の成功ポイントを抽出する。とい

第1章　水産ビジネスにおける新規事業創造とイノベーション　○———7

うのも，先の分析枠組みで提示した三つの壁は，まさに，組織，技術，市場の三つの要因と密接に関わっているからである。

　本研究の中核概念はシナジーを視野に入れていることからも，経営資源である。とくに，技術イノベーションを中核に，どのように組織内，または組織間で連携を創り出すことで，新市場を生み出しているかを議論していくことにする。

　我々がとくに技術を中核として新規事業創造に拘るのは，水産分野におけるイノベーションをベースとした新規事業に着目しているからである。その理由は，シナジーやイノベーションについての研究のほとんどが，物を製造する企業の事例であるからである。つまり，物を対象とした研究である。実際，経営学の分野で行われているイノベーション研究のほとんどが，自動車やエレクトロニクスなどを対象としたイノベーション研究である。

　図表1-2は横軸に，イノベーションの対象が自然か物かという軸を表している。縦軸は，イノベーションが組織内または組織間のどちらで実現されるかということを表している。この分類軸から，経営学の分野では第Ⅰ，Ⅳ象限は自動車産業，エレクトロニクス産業を中心にすでにかなりの研究蓄積がある分野である（藤本・クラーク2009，武石・青島・軽部2012）。第Ⅱ象限は，ここ数年，経営学的にも注目されている近畿大学のマグロ養殖の研究（熊井2008　林2008）などがある。第Ⅱ象限については，もちろん水産学や水産経済学などの分野では，物流，流通などの面からの研究蓄積は厚い。しかし，経営学的な研究の蓄積としては比較的薄い分野である。本稿は，今までに経営学的な研究の蓄積が薄い第Ⅱ象限だけではなく，第Ⅲ象限も視野に入れながら，イノベーションを軸とした新規事業創造の分析を展開することに独自性がある。

　本稿は日水の調査協力の下に，日水とグループ企業である黒瀬水産（株）のコラボレーションで実現した養殖事業のイノベーションの事例にフォーカスしている。養殖事業に関する研究は，経営学ではなく水産学や水産経済学などの分野からのアプローチが圧倒的に多かった。しかし，水産学や水産経済学からのアプローチは，イノベーションの結果である価値創造という視点で事業に対

する捉え方が，経営学とは異なっている。

　養殖事業は稚魚 → 養殖 → 加工 → 流通といったプロセスをたどる。水産学や水産経済学分野では，このプロセスをトータルにマネージすることで価値が創造されるという視点が欠けていた。ある意味，部分最適な研究が行われてきたとも言える。本研究では，日水の新規事業である養殖事業のプロセス全体を価値創造プロセスと捉えて記述，分析することで，日水がどのようにイノベーションを創りながら，新規事業創造の壁を打ち破っていったのかを解明することを主要な課題としている。

図表1－2　既存研究のイノベーション分類

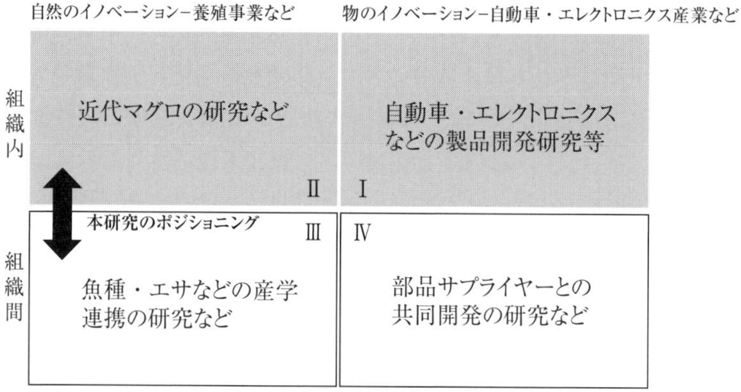

自然のイノベーション－養殖事業など　　　物のイノベーション－自動車・エレクトロニクス産業など

組織内	近代マグロの研究など　　　　Ⅱ	Ⅰ　自動車・エレクトロニクスなどの製品開発研究等
組織間	本研究のポジショニング　　　Ⅲ　魚種・エサなどの産学連携の研究など	Ⅳ　部品サプライヤーとの共同開発の研究など

5．日本水産（株）の黒瀬ブリの開発事例 [10]

　日水は創業100年を越える老舗企業であり，水産事業，食品事業，ファインケミカル事業を中心に事業展開している。中核事業の水産事業の中でも，優良な事業が養殖事業である。とくに，日水の新規事業としての養殖ブリは，いまや黒瀬の若ブリという一大ブランドを構築している。この養殖ブリという新規事業に成功したのが，グループ企業の黒瀬水産（株）（以下，黒瀬）である。

　若ブリの開発には，グループ企業である黒瀬を中核に，日水グループの資源

第1章　水産ビジネスにおける新規事業創造とイノベーション　○———9

が最大限に生かされている。養殖魚の飼育から加工を担当する黒瀬を中核に，魚病や飼料の研究開発を担う大分海洋研究センター，育種や餌の開発を担当する東京イノベーションセンター（以下，TIC），飼料の生産を担当する伊万里油飼工場などが連携することでシナジーを生み出している。まさに，本社とグループ企業の持つ資源シナジーを最大限に活用して開発されたのが，黒瀬の若ブリでのイノベーションである。しかも，後発で参入しながら，この分野でのブランド化に成功している。

5－1　養殖事業の課題に挑む

　日水は，サケをはじめとした養殖事業については，かねてから高い技術力を有していた。ブリについても，人工種苗や餌についての研究は早くから着手していた。しかし，それを現実のビジネスに落とし込んでいく機会がなかった。その機会を実現するきっかけになったのが2004年の貴丸水産（株）（以下，貴丸）の買収であった。

　日水が貴丸の事業を買い取った背景には，貴丸の持つ養殖事業の可能性があった。当時，養殖事業は，天然の水産資源が先細りする中で，有力なビジネスになる可能性を秘めていたのである。とはいえ，養殖事業においてどの魚をターゲットにするのかということは，日水の中で議論があった。当初，多様な魚を養殖することを本社は意図していた。しかし，当時，社長の前橋知之（初代黒瀬水産（株）社長・現日本水産（株）執行役員・養殖事業推進部担当）が資源の分散になると考え，ブリの養殖事業にターゲットを絞ることにする。この時の魚種の絞り込みが，黒瀬ブリのブランド化へとつながることになる。

　そもそも養殖とは，天然の稚魚を捕ってきて，生け簀で餌を与えて育てる技術を指す。これに対して，卵を採取して人工授精し，人工ふ化させた成魚から再び卵を採取するのが完全養殖である。つまり，人工種苗[11]をベースとした養殖である。天然の魚に負荷をかけないので，養殖の観点からは持続可能性は高いが，高度な技術が求められる。

　技術の点からみた養殖事業の難しさは，物の製造のように製品や事業の間で

簡単に技術のシナジーを横展開することができないことである。たとえば，サケの養殖事業に成功している日水とはいえ，その養殖スキルを他の魚に簡単に応用できるものではない。魚の種類によって，養殖事業のスキル（餌の与え方，育て方）などがまったく異なってくるからである。そのため，多様な魚種を一つのオペレーションで行うということは不可能に近かった。たとえば，ブリとマグロでは人間と牛ぐらいの違いがあると言われている。

しかも，魚種による養殖事業の技術だけではなく，採算ベースに乗せることも難しかった。とくに，人工種苗の生産は，天然のもじゃこ[12]からの養殖と比較にならないほどコストが高かった。そのため，かつて政府の方針も人工種苗を奨励しながら，その旗を降ろさなくてはならなかったという事実がある。しかも，シーズンによって安い天然もじゃこが大量に捕れた場合など，とくに人工種苗の必要性が薄らぐことになる。ある意味，天然のもじゃこの存在が人工種苗開発の壁になっていたとも言える。

その天然のもじゃこから育てられる養殖ブリは，1年間育てることで翌年の春には約2.5キロの2年魚に成長する。一般的に，ブリとしての出荷サイズは3.5キロ以上である。そのため，出荷サイズにするために，さらに1年間養殖した3年魚を使う必要がある。というのも，通常，養殖のブリは5〜6月に産卵期を迎え，その後は身が痩せてしまう。夏のブリは小売店では低価格で売られるが，決して美味しいものではない。しかも，3年魚の前半になると，産卵して肉質が悪くなるため在庫となり，魚価が高くて赤字になっていた。しかし，大手スーパーなどから通年出荷を求められるため，多くの養殖事業者は収益を圧迫することになる3年魚を抱えることが必要であった。

この3年魚の持つ赤字体質の課題は，経営基盤を強化するためにも解決しなくてはならなかった。そこで，この3年魚の課題を解決するため，ブリの産卵をずらすことで新鮮なブリの通年出荷を可能にするというプロジェクトがスタートすることになる。換言するならば，技術によって旬を変えることで，新しいビジネスチャンスを拡大するということである。

しかし，旬を変えるという技術を実現するには，日水の一グループ企業であ

第1章　水産ビジネスにおける新規事業創造とイノベーション　○────11

る黒瀬が単独でできるプロジェクトではなかった。たとえば，旬をずらすには
天然のもじゃこからの養殖ではなく，コスト高の人工種苗という開発も視野に
入れなくてはならなくなる。また，夏に出荷のピークを持ってくるためには，
冬に稚魚を飼育しなくてはならなくなり，季節単位で動いているオペレーショ
ンも大きく変えなくてはならなかった。そもそも，産卵の時期をずらすという
方法などは，かなり高度な研究開発の体制が整っていなければできるものでは
ない。しかも，物作りと違い，生きた天然資源に対するイノベーションを起こ
すには，開発から現場のオペレーションまで，事業の仕組みを大きく変革する
ことが必要とされ，その対応には親会社との協力関係が必要不可欠であった。

　実際，若ブリ[13]の開発では，種苗や餌の開発，現場の生け簀や船上でのマ
ネジメント，水揚げしてからの加工プロセスなど，養殖事業の川上から川下ま
で，トータルでのイノベーションが要求された。現場をつかさどる黒瀬の知恵
と，本社の持つ研究開発力，マーケティング力が相互にリンクすることで生み
出されたのが，黒瀬の若ブリという製品イノベーションである。それでは，ま
ずは川上のイノベーションから議論していくことにしよう。

5－2　イノベーションで旬を変える

　黒瀬ブリは，天然の稚魚（もじゃこ）と人工種苗の両方を用いて養殖された
ものを合わせて，黒瀬ブリ（若ブリを含む）のブランドとして売られている。通
常の養殖では，毎年4〜5月に天然ブリの稚魚を漁獲して，約1年半以上かけ
て成魚に育て上げるが，そうすると出荷が翌年の10月〜12月に集中する。こ
の時期は，天然ブリの出荷時期と重なり，競争が激しくなるため値崩れを起こ
しやすくなる。出荷時期の重なりを防ぐため，当初，黒瀬では飼料のコント
ロールにより生産調整していた。

　早く出荷するブリには魚粉比率の高い餌を与え，遅く出荷するブリには低魚
粉の餌を与えてゆっくり成長させる。そうすることで通年出荷を可能にしてい
た。しかし，この方法では，遅く出荷するブリは，最低でも2年は生け簀で飼
育することになるだけではなく，大手顧客からの通年出荷を求められることも

多いので，3年魚まで抱えることになるケースも多かった。

　そこで黒瀬が採った戦略は，10月〜翌年6月までは通常の養殖ブリを売り切り，7月〜9月に完全養殖ブリを出荷するというものである（図表1-3）。つまり，ブリの品質がいちばん低下する夏に旬を持ってくるという戦略である。旬の時期をずらすには，天然ブリの養殖だけではなく，人工種苗由来の親魚を用いた完全養殖も活用する必要があった。つまり，人工種苗を用い，季節を変えて産卵させることで，成熟してもその影響が少ない程度の大きさにし，夏場にいいブリを出荷するという技術開発を狙ったのが，黒瀬ブリである。

　人工種苗には，コスト高というネックがあったが，前橋の後を継いだ前黒瀬水産社長の黒田哲弘（現日本水産（株）執行役員人事部長・リスクマネジメント・総務部・法務部担当）は，人工種苗を取り入れることを決断する。

　産卵時期をずらすというイノベーションの主要な役割を担ったのが，日水の大分海洋研究センターと，2011年に創業100年記念事業の一環として開設されたTICである。大分海洋研究センターは，日水が国内外で展開する養殖事業を推進するために1994年に設立された研究開発機関である。養殖事業における日水の知恵袋的な存在として位置づけられており，人工種苗の研究も2006年からスタートしていた。

　ブリの成熟を誘導する環境要因というのは，水温あるいは光周期などいろいろな要素があるが，そのうちどの要因がブリの成熟化を促すホルモン遺伝子の発現に強く働いているのか，という研究開発を大分海洋研究センターは行っていた。その成果をベースに，研究所に隣接する施設を設け，そこで親魚を陸上の水槽で育て産卵させる。その際に水槽の明るさを調整し，日の出や日の入りの時期も照明で組み替える。また水温も，冬場でも夏と錯覚させるために水槽の水温を26度〜27度程度にし，夏場は逆に15度に設定する。このような飼育プロセスを約1年間かけて行い，早期採卵に持ち込んでいくことになる。若い未成熟の魚（2歳魚）のため，当初は既存の物より小さいという市場からの評価を受けることになるが，成熟による品質の劣化はきわめて少なくなった。

　この大分海洋研究センターを，開発などのいろいろな面からサポートしてい

図表1−3　若ブリの養殖サイクル

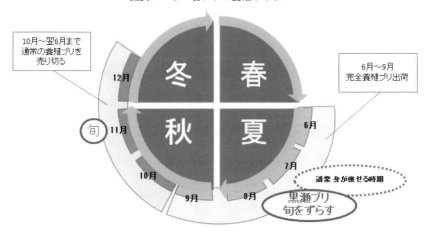

るのが TIC である。TIC の中央研究所には，創設以来，基幹を成す水産食品の開発につながる研究をはじめ，養殖に関する研究など，基礎から応用までさまざまな研究機能が集まっている。実際，TIC には，多様な分野の研究スタッフがいるため，大分海洋研究センターでは開発が難しい飼育用，孵化用の餌の開発を主に担当している。

また，TIC ではブリの品質向上に向けて育種研究にも取り組んでいる。もともとブリの養殖の場合，不確定な要素が大きい。単に大きな魚同士を掛け合わせても強い種ができるとは限らない。魚の場合，畜産と異なり群れで移動するため，畜産のように全頭を検査することができないという問題がある。そのため，かつては適当に形の良いブリを掛け合わせるということを行っていた。

そもそも，人工種苗をつくるには，水槽内で不特定多数の親魚に自然産卵させた受精卵を用いる方法と，特定の親魚を選び人工授精した受精卵を用いる方法がある。後者の方法でのメリットは，親が特定できるので家系解析，つまり，どういった親を使ったら，どういった子どもができるのか，といった解析も可能になることである。この家系解析について，山下伸也氏（日本水産（株）・執行役員・中央研究所所長委嘱・食品分析部担当）は次のように述べている。「一つの生け簀の中から何千尾と加工工場に上がってくる。その中から飛びぬけて大き

な魚を選び出し，その魚をトレースバックすることでDNAを解析するわけです。そして，次年度の計画には，うちの研究所あるいは黒瀬にいる遺伝資源の中で良さそうなのをピックアップし，利用していくわけです[14]」。つまり，遺伝子的に形質の優れた特定の親から，次世代の品種を開発することが可能になる（図表1−4）。

　事実，毎年人工種苗をつくるときにはどの親を使うのか，どの組み合わせで受精させるのかといったことを，育種担当の研究員からの指示で交配が行われている。まさに，育種という勘と経験に頼っていた分野に，科学的な知識を取り入れることで，品質を上げてきたのが黒瀬ブリである。

　そして，この選抜育種の進化を後押ししたのが，遺伝子の分析機器の発達であった。昔は機械で1個ずつしかサンプルを調べることができなかったが，現在では，一度に10個から20個のサンプルを同時に測定できるような機械が開発されている。機械の技術的進化が研究を進める推進力にもなっていた。

5−3　立地の不利を優位に変える−餌のイノベーション

　川上のイノベーションでもう一つ重要なのが，餌に対するイノベーションである。この餌のイノベーションが，黒瀬ブリのブランドを決定づけることになる。そもそも養殖の生産性アップの鍵になるのが，餌のイノベーションである。養殖業では，経費の6割から7割を餌代が占めているだけではなく，味を決める重要な要因でもある。かつて養殖の餌というのは，イワシやサバなどの小魚を与えていた。しかし，食料自給に貢献する養殖事業が，実は，餌に天然魚を与えていては逆に資源の減少を招くことや，大量の食べこぼしが海を汚染するという批判が噴出した。そのため，1980年代から生魚と粉末配合飼料を混合し，粒状にした飼料，モイストペレットという固形飼料が生餌に変わる主流の餌として台頭してくることになる。

　さらに，1990年代になると，より消化吸収のよい粉状の配合飼料を成形したエクストルーデッドペレット（多孔質飼料，以下EP）が開発されて，現在はこのEPがスタンダードになっている。このペレットは，魚の成長に応じた配合

組成によって安定した品質の成魚が育成できる。しかも，加熱しているため，生餌由来の魚病のリスクも削減できる。そして，なによりも魚粉の比率を下げ，固形飼料にする最大のメリットは，生け簀で何千匹という単位で養殖魚を管理できるという規模の経済性を生み出すことである。もし生魚の餌の比率が高ければ，その生魚を管理する冷蔵庫の施設も大量に必要となり，その管理だけで固定費がかさみ利益を圧迫し，規模の経済性を実現することが困難になる。しかも，当時，魚粉の比率を下げて，環境負荷の観点からペレット状にすることは，確実に世界的なトレンドになってきていた。

しかし，消化・吸収のよいEPを大手企業といえども，自社単独ではすべて生産対応できないため，当然，大手の飼料メーカーから餌を購入する比率は高まってくる。そうすると，競合他社の間で，味を含めて商品の違いが見出しにくくなる。とくに，冬場の本当に旬の時期になってしまうと，どこの養殖魚も脂が乗ってくるし，食べている餌もあまり変わらない。そのため，どこで差別化するかが課題となってくる。

図表1－4　選抜育種

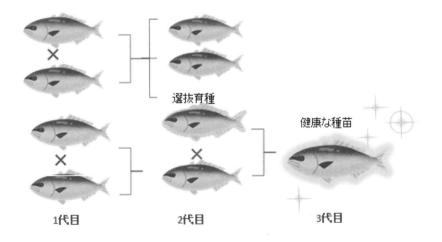

日水はこのEPを，伊万里油飼工場と黒瀬，大分海洋研究センターとの連携を通じて，独自の配合飼料として開発することに成功する。日水では，ブリの成長段階に応じた10種類以上の飼料を開発，製造している。その中でも，黒瀬ブリの品質を高めているのが，機能性飼料マブレスである。日水の中央研究所と大分海洋研究センターでは，この開発に2006年から取り組んでいた。というのも，血合いの退色というのは，この分野に後発で参入する日水にとって成功の鍵を握るものだったからである。

　日水が市場参入した時期は，日本における養殖市場のリードマーケットは関西であった。関西地域は，四国，九州が近いこともあり，この二つの地域にある企業の養殖魚によって押さえられていた。そのため，後発の日水は，東京以北が市場開発地域として参入可能性が高かった。とはいえ，距離が遠いこともあり，スーパーの店頭に並ぶときにはブリの鮮度が落ち，血合いの色が悪くなっていた。血合いの退色を遅くすることは，日水にとっては市場開拓の至上命題であった。

　血合いの色が悪くなるのは，血合い肉に含まれる色素たんぱく質ミオグロビンが酸化されてメトミオグロビンになることが原因であった。酸化を遅くする効果を持つ物質には多様なものがあった。お茶などに入っているカテキンにも，酸化を遅らせる効果があることはわかっていた。中央研究所が目を付けたのが，抗酸化作用がある唐辛子を添加したマブレスであった。マブレスとは唐辛子などの天然成分配合の飼料で，この飼料は，時間が経過すると茶色っぽく変色するブリの血合いの退色を遅くし，鮮明な赤色を長く保つことが可能であった。ただし，ブリが成長していく，どの段階からマブレスに切り換えていくのが効果的なのかというタイミングを把握する必要があった。日水はマブレスを，水揚げする前の仕上げ時期からブリに与えた。そうすると，血合いの退色を遅くし，鮮明な赤色を長く保つという効果だけではなく，脂が乗り，しっかりとした食感を実現することが可能になったのである。しかもFCR（増肉係数）も，既存の養殖魚とほとんど変わらなかった。

　事実，日水が行った黒瀬の若ブリと産卵後の天然種苗ブリ（3年魚）との比

較官能評価によると，3年魚の方が酸味が強く，生臭い風味・においが強いと評価されている。それに対して，黒瀬の若ブリは，脂の乗りや肉質の硬さ，さらに色調などの点において高い評価を得ている。また，嗜好型項目においても，黒瀬の若ブリの方が，総じて好まれる傾向があり，とくに，におい，味，風味の好ましさなどの点において高い評価を受けている。この調査から，マブレスを入れたイノベーションが確実に市場で評価されていることが理解できる。

　とはいえ，官能評価は人によってバラツキが多いのも確かである。総合評価で高くても，本当に市場のニーズを反映しているのかが，必ずしも分からない。とくに，ブリの研究に携わっている人間は，プロであるがゆえに市場のニーズを反映した評価が難しくなる。

　そこで，日水では官能評価の数字が本当に意味があるのかどうかを確かめるために，黒瀬，TIC，さらには本社の商品部で実際に製品を販売している人が集まり議論することで，開発視点のズレをなくすことも行われている[15]。

　黒瀬ブリの開発は，このような川上のイノベーションだけではなく，次節から議論する川下のイノベーションとも連動している。

5－4　現場での品質管理を徹底する

　川下でのイノベーションは，まさに現場の最前線である生け簀のイノベーションの効果が大きかった。かつての生け簀は規模も小さく，海水面から数メートル下に設置されていた。しかも，沖合に生け簀を設置することが困難であった。そのため，近海で生け簀が密集し，漁場全体の酸素濃度が季節的に低下することで漁場が劣化したり，さらに，赤潮などの発生による被害も大きくなっていた。しかも，生け簀の場所によって水温，天候などの自然環境が異なってくる。つまり，養殖の現場では，不確定の要因が多く成功するプログラムをパッケージとして組むことが難しかった。

　黒瀬の生け簀は串間沖湾内，3キロに設置されており，競合他社との生け簀の違いは浮沈式になっていることである。しかも生け簀も大きく，縦横10

メートル×深さ８メートルである。給餌や作業時には海面近くに浮上させ，それ以外は海面下８～10メートルの水中に沈めさせている。もともとブリは，中・低層を遊泳する魚である。そのため，深い場所で飼育されることで生態に近い環境が生み出され，ブリの品質も維持されることになる。

　沖合３キロで，深く生け簀を沈めることができるようになったのは，資材のイノベーションも見逃すことはできない。生け簀の網には，底枠と呼ばれるおもりの役割をする銅管の枠を入れ，浮沈させるために浮力調整タンクを付けている。浮力調整タンクを何個つけるかは，金網，底枠，銅管の重さなどを考慮して設置されることになる。網は化学繊維ではなく，金網を使用している。化学繊維の網は軽くて丈夫という特性があるが，潮の流れが速い場合，網が海面に浮きあがり，魚がうまく泳げず網にぶつかるケースも出てくる。その点，金網は重いために，潮の流れが速くても浮き上がることもなく，しっかりと形状を保つことが可能である。しかも，この浮沈式のイノベーションによって，今までは生け簀が汚れると潜水士が潜って，その汚れを取っていたが，今では人ではなく定期的に機械によって汚れを取ることが可能となっている。

　このような生け簀の環境が整備されるとともに，黒瀬では日水の開発した養殖健康管理システムを導入している。ダイバーが定期的に海に潜り，体調の悪い魚を見つけては，生け簀から取り出してチェックしている。さらに，水産医薬品のイノベーションが，魚病を激減させることになる。ブリの養殖では，連鎖球菌が被害を大きくしていた。そのため，かつては被害を拡大させないために，病気が発生するたびに大量の抗生剤を飼料に混ぜて魚に食べさせていた。しかし，ワクチンが開発され，定期的に接種するようになってからは劇的に魚病の被害が減少することになる。

　ワクチンを使用することは，衛生管理において世界の養殖事業では当たり前のことではあるが，日本ではどうしてもネガティブなイメージが付きまとう。黒瀬では魚がワクチンを打った後の対応にも余念がない。まずワクチンについては，生け簀の履歴管理がなされているので，該当する薬剤の使用後は，出荷可能となるまでの休薬期間を設けるというルールを順守するという仕組みで運

用している。一方，抗生剤については，休薬期間の確認とともに魚に薬が残留していないかどうかの検査も行われている。そして，これら一連の検査にパスした魚だけを水揚げするという流れになっている。生け簀での品質管理のイノベーションによって，確かに現場での魚の品質は向上した。しかし，物の製造業と異なるのは，その品質が顧客の手に渡らなければ，わからない状態で出荷される商品でもあることである。

養殖ブリを市場に出荷する場合，フィレ（三枚おろしにした片身），ラウンド（調理をしない原型のまま）という商品形態で市場に出荷されることが多い。フィレのような加工される場合は良いが，ラウンドとして市場に出す場合，顧客に出荷され，顧客が魚を開いた時にしか品質がわからない場合が多い。この商品の場合，養殖魚の品質が劣化し，白濁するヤケ肉の問題が発生しやすかった。この問題を解決しなければ，ブランドのイメージを向上させることは難しかった。とくに，魚のヤケ肉は夏場の高水温の時に生じることが多かった。需要を安定させるために，夏場にブリを出荷するというイノベーションを成功させる前提条件が，このヤケ肉の問題を解決することだったといっても過言ではなかった。

そもそもヤケ肉の問題は，魚の筋肉がぶよぶよの状態になるために発生する。しかも，筋肉の中で発生するので外側から確認することができない。わからないとはいえ，ヤケ肉の魚が市場に出回るとクレームの対象になり，大きな経済的な損失を被ることになる。ヤケ肉の原因は，夏場の高水温と低PH（水の酸性とアルカリ性の度合いを表す値）の時に，魚の酸素量が不足した状態で筋肉運動が増えて筋代謝が進み，グリコーゲンの急激な分解と乳酸が生成されることが原因であった。この発生のメカニズムを突き止めたのも，TICであった。

そこで黒瀬では，魚を網ですくい上げた後に，直ちに活締め機に魚を投入する。船倉には食塩水を氷点下まで下げたシャーベットアイスが積み込まれていて，活締めされたブリがダイレクトに投入され，脱血と冷却が同時に行われる。また，シャーベットアイスは，海水に近い塩分濃度のため，浸透圧変化による肉質の劣化を防ぐ効果もある。このような方法によってヤケ肉の問題は劇

的に減らすことができるようになった。

5－5　市場流通への対応

　水揚げされた魚は黒瀬の加工工場に持ち込まれる。この加工工場には，排水処理施設が併設されている。船上で脱血処理を行うと，大量の血水が残り，それをそのまま湾内に放流すると水質汚染を招くことになる。そのため，黒瀬では，排水処理施設で血水を微生物分解し，浄化した水を川に放流している。単に商品の品質を重んじるだけではなく，環境にも配慮するところが黒瀬の経営方針である。

　環境と品質に対する方針は，加工工場の中でも貫かれている。実際，黒瀬では，欧州では一般的であるEU-HACCP（厚生労働省・農林水産省対EU輸出水産食品取扱い施設）認証を，競合他社に先駆けて2007年に取得している。さらに，2011年には養殖から加工まで一貫したISO22000も取得している。黒瀬が早い段階で認証を取得した理由は，もともとこのビジネスを世界的に展開することを視野に入れていたからである[16]。とくに海外市場へ輸出する場合，EU-HACCPの取得は一定の品質レベルが確保されているという意味で，重要な前提条件になる。

　この海外市場向けに取得した資格は，競合他社と比較しても，格段の衛生管理の体制を生み出すことになる。たとえば，原魚のみを工場内に搬入する第一次工程の受け入れでは，原魚由来の汚れを持ち込まないことが徹底されている。第一次工程は室温が20度以下に保たれ，魚体温が上昇しないように管理される。その後に，計量・選別（体重測定・不良品の排除），などが行われ，最終的にはフィレ，ラウンドなどの製品におろされるが，その処理工程においても，魚体温が6時間以内に10度以下で冷却される。その理由は，6時間以上経過した場合，ブリがヒスタミンを発生させ，品質が劣化する可能性があるからである。

　整形から包装，梱包を行う第二次，第三次工程では，人が商品に触れることになるので，徹底した管理と検品が行われる。この第二次，および第三次工程

でも室内の温度管理は15度に維持されることになっている。包装から梱包が行われる第三次工程では，真空漏れのチェックはもちろんのこと，二次冷却によって製品温度は3.3度以下に設定されている。

第一次工程から第三次工程を経て梱包されるまでの時間はトータルで40分である。さらに加工工場の検査室，「エクセレントラボ」は二人の検査員が常駐し，安全性の確認試験を行っている。このような最終工程を経て，商品は日水の持つ全国の販売ネットワークに乗せて出荷されることになる。

日水では，市場開拓する時に人工種苗，マブレス，加工プロセスなどのイノベーションをプロモーションしている。黒瀬ブリが作られる背後のコンテクストを徹底的に市場に見える化するプロモーションを展開することで，ブランド化につなげていったのである。事実，顧客が黒瀬に見学に来ると，取引関係に発展するケースが多いという。また，市場の開拓には偶然の要因も効いている。関西では，どちらかというと歯ごたえのある食感が好まれるが，東京以北ではむしろ柔らかな食感が好まれる。マブレスによって時間が経過しても血合いの退色を押さえられたことに加え，時間の経過とともに食感の堅さが，東京以北の好みに合うように柔らかくなったという偶然も，市場の開拓にプラスの効果をもたらした。

現在，日水は小売りと連携しながら，ブリの調理方法を含めてプロモーションを展開している。黒瀬ブリとしてのブランドも市場で定着化しつつあり，現在は回転寿司やコンビニエンスストアなどにも卸されており，販路も確実に拡大してきている。しかも，欧州では市場の流通で標準化しているASC（水産養殖管理協議会）認証を，2017年12月に他の日本企業に先駆けて取得し，日本の大手流通業者と連携することで認証マークの製品を市場に送り出している。

6．ディスカション

　本章では，日水の開発事例を通じて三つのインプリケーションを導きだす。
この三つのインプリケーションを，本稿で提示した課題に対応するかたちで，
議論を展開していくことにする。

6－1　波及効果で技術の壁を越える

　新規事業創造においての大きな課題は，シナジーへの過剰な期待である。と
くに，コア事業やコア技術が明確であればあるほど，コア事業のノウハウやコ
ア技術とのシナジーを考える。本稿の事例でも，当初，日水の本社は，黒瀬に
対してブリだけではなく多様な魚を養殖することを期待していた。しかし，生
き物のイノベーションやシナジーのロジックは，製造業のそれとは大きく異な
る。とくに，製造業のように簡単に技術の横展開ができないことである。物の
製造であれば，コア製品があれば製造スキルをはじめ部品などの共有化を進め
ることが可能である。

　また，養殖事業の場合，製造分野のように特定の技術を意図的に突出させ
て，他のイノベーションに必要な技術を牽引するというのも難しい。本稿の事
例からもわかるように，ある一定の技術レベルを総合的にレベルアップしてい
く必要がある。しかも，養殖事業の場合，魚種によって育成，餌の与え方など
が極端に異なってくる。研究に関する総合的な技術力は必要ではあるが，簡単
にシナジーを創り出すことができないだけではなく，現場での知恵が効いてく
る。事実，魚の育成においても，人工種苗などのようにかなり科学的知識を取
り込めるようになったとはいえ，その育成プロセスにおいては，餌のやり方
や，生け簀や魚の健康管理などは依然として現場での暗黙知的な部分も大き
い。とはいえ，人工種苗を用いて通年出荷を可能にすることから，工業用製品
の用に一定の製品品質を担保することが必要となる。

　養殖事業の場合，生き物が相手のイノベーションであるために，自然環境な

第1章　水産ビジネスにおける新規事業創造とイノベーション　○————23

どのさまざまな不確定な要因が多く，物の製造と異なり，工場に最新の機械を導入すれば生産性がアップするとは限らない。事実，黒瀬の事例のように製造プロセスにおいてイノベーションが起きたとしても，生産性をアップするために生け簀の魚の数を増やせば良いのかというと，そうとは限らない。海は表面上はつながっていても，地域ごとに潮の流れや水質などが異なってくるからである。そのため，製造業でいえば工場としての生け簀と，製品としての魚との適切な量的関係が，現在でも完全に科学的に捉えられているわけではない[17]。つまり，養殖事業の場合，自然環境の中で製品として育成される魚との相互作用的なコミュニケーションが必要になる。しかも，そのコミュニケーションには，依然として経験をベースとした暗黙知的な部分が多いことからも，魚種の絞り込みが重要になる。

　もし黒瀬が創業から多様な養殖魚を手がけていたならば，当時からすでにサケなどの養殖技術で豊富なスキルを有していた日水でも，マネジメントは難しかったはずである。ブリという特定の魚種に絞り込んだことは，戦略的にも意味が大きかった。むしろ特定の魚種に絞り込んだからこそ，イノベーションの波及効果を生み出しやすかったと考えられる。

　さらに，集中によって一つの突破口が開かれれば，その他のプラスの波及効果を生み出すことになる。本事例でいえば，ブリの人工種苗を突破口に遺伝子や餌の開発のイノベーションが連鎖していくことになる。集中あるいは絞り込みが行われるからこそ成功が生まれ，波及効果が生まれるのである。経営資源が豊富で，資源分散を招きかねない大企業の新規事業ほど，資源の集中がイノベーションを創りだし，資源の壁を越えることを可能にするのである。

6−2　役割分担の明確化で組織の壁を越える

　もう一つ，絞り込みのプロセスで注目しなくてはならないのは，本社の研究機関とグループ企業である黒瀬との役割分担を明確にしていることである。本社組織であるTICと大分海洋研究センターは，開発が難しい人工種苗や餌などの研究開発に特化する一方，黒瀬は現場での養殖と加工のスキルを高めると

いうように役割分担が明確化されている。

　本社として何もかも開発の機能を担うというのではなく，グループ企業の黒瀬に任せるところは任せ，本社だけが有する経営上の特殊な技術や専門知識，経験を生かすことでグループとしてシナジーを創り出している。つまり，養殖事業の創造において，唯一無二の希少な経営資源を提供することで，本社の存在価値を高めるだけではなく，連携を通じて事業創造を促進していると言える。まさに本社のペアレンティングである。本社として付加価値を加えるものが何かを見極めているとも言える。養殖事業の現場知識が乏しい本社が現場に介入すれば，当然のことながら事業はうまくいかない。任せるところは任せ，本社として事業に付加価値を加える分野に役割を限定しているところに，グループとしてのイノベーション創造のポイントがあることがわかる。

　とはいえ，グループ企業に付加価値を加え連携を促進するには，本社はグループ企業の事業を適切に評価できなくてはならない。グループシナジーを創り出す上での課題は，適切にグループ企業の事業を評価できる人がコーポレート部門にいないことが原因であることが多い。実際にグループ企業が展開する事業について知識や経験が乏しければ，グループ企業の事業特性を理解することは難しいし，評価することもできない。その意味でも，黒瀬の養殖事業の立ち上げプロセスに関わってきた二人の前社長である前橋，黒田が現在は役員として本社に戻っていることは，本社との連携や事業評価をする上においても，大きなメリットになったことは間違いない。

　組織のシナジーでもう一つ注目しなくてはならないのは，人の環流である。もともと，シナジーがうまく創り出せない大きな要因が，コア人材ネットワーク[18]の機能不全である。企業がシナジーを生かして成長し，企業規模を拡大していくプロセスで，各事業で構築されているコア人材のネットワークが事業部間の壁によって機能しなくなるからである。

　しかし，日水のケースの場合，TICや大分海洋研究センターには，養殖事業に関わっている技術者がいるため，養殖事業を適切に評価できるだけではなく，黒瀬単独では満たせない養殖事業の成功要因を把握し，支援することが可

能になったと考えられる。しかも，日水では，黒瀬，大分海洋研究センター，TIC での人の異動がよく行われている。

シナジー効果とは，最終的には人が創り出すものである。というのも，人と情報・知識は，相互に結合されることによってさらにシナジー効果を高めることができるからである（寺本 2005）。そのため，人と情報・知識を環流させ，支援していく仕組みづくりが，組織およびグループとしてのイノベーションの重要な条件であることが，本稿の事例からも理解することができる。

6－3　技術の見える化で市場の壁を越える

本社とグループ企業の間で，うまくシナジーを創り出しイノベーションにつなげたとしても，そのイノベーションのコンセプトをうまく市場に伝えなければ市場の創造にはつながらない。とくに技術での差別化が高い会社ほど，その技術力を市場にうまく伝えられないケースも多い。その一つの理由が，市場サイドに立つことをしないで，技術の革新性だけを前面に押し出すからである。しかも，特定の技術を前面に出す戦略は，必ずしも持続的な競争優位性にはつながらない。

今まで養殖事業における差別化の場合も，カボスブリなどの名称で有名なように，餌による飼育の差別化を前面に出す戦略もあった。製造業で言えば，特定の技術機能をアピールした戦略である。養殖ブリ業界の場合，競合は他の養殖魚の商品だけではなく，時期になれば強力なライバルになる天然物のブリが出てくる。いくら餌で差別化したところで，旬になり良質な天然のブリが出てくれば，市場はそちらを選択する傾向があるので，餌による競争優位性の創造は，かならずしも持続的なものではない。

養殖事業の場合，競合相手だけではなく自然の生き物という大きな競争相手とも対峙しなくてはならない。確かに旬の時期をずらすというイノベーションは，市場の隙間を埋めるものであった。しかし，それ以上に日水のイノベーションの持つ価値は，安定的な品質で通年の市場出荷を可能にしたことである。換言するならば，バラツキが多い生き物という自然の製品を，工業的な品

質に近づけたというイノベーションである。

　生き物を工業的な製品に近づけても，前述したように，そのイノベーションの価値を市場にわかりやすいコンセプトで伝える必要がある。その意味で，日水の黒瀬の若ブリというコンセプトは，市場にその製品価値を伝えるうえで有効であった。しかも，そのコンセプトが，優れた技術と仕組みに裏打ちされていることが持続的成長を可能にした。換言するならば，餌での差別化のように，一つ一つのコンテンツを市場にアピールしても持続的競争優位性の構築は難しい。コンテンツの背後にあるコンテクストを市場にアピールすることで，若ブリというコンセプトの価値を高めることができるのである。つまり，イノベーションを生み出す背後のコンテクストを見える化したということである。黒瀬の若ブリは，マブレス，人工種苗，遺伝子研究，養殖現場（浮沈式），加工工場などでのイノベーションによって生み出されてきた。しかし，独自性の高い技術とはいえ，一つ一つのイノベーションを市場に訴求しても意味がない。

　この一つ一つのイノベーションをつなぐコンセプトとして，日水は黒瀬の若ブリという2歳魚を市場にアピールした。当初，出荷当時は3歳魚[19]に比べて小さいことからも，市場での評価はいまひとつであったが，日水はその製品が完成するプロセスを徹底的に市場に見える化していった。高度な技術力を背景に良質な製品が完成するというプロセスを，黒瀬の若ブリという一つのコンセプトの下にストーリーとしてつなげていったことが，市場の開拓に大きく貢献したと考えられる。事実，顧客が黒瀬に商談のために視察に来て，若ブリが完成するまでのプロセスをみることで，大きく取引関係は前進するという。

　また，ストーリー[20]として展開することのメリットは，グループ企業が他のグループ企業や本社との関係で，どのような役割を担っているのか，そしてどのように業務が連携して成果につながっているのかが，理解できるようになることである。そのため，本社ならびにグループ企業からも戦略の実行に対するコミットメントを引き出しやすくなる。

　とくに，今回の新規事業は，外部組織とはいえ日水の100％子会社である黒瀬との連携であることからも，戦略のストーリーが徹底しやすかったと考えら

れる。

7．おわりに―生き物というイノベーションの新規事業

　生き物という自然に対するイノベーションでの新規事業創造は，既存の物を対象としたそれとは大きく異なる。とくに，養殖事業の場合，開発における不確実性のリスクが極めて高い。インプットに対してアウトプットの産出が読めないからである。遺伝子解析や餌の開発が進んでも，現場の飼育を間違えればアウトプットにつながらないし，なによりも台風や赤潮などの自然災害という予期せぬリスクも発生する。さらに，市場のリスクも高い。味というのは感覚的なものであり，市場に出回ってはじめて理解されるケースもあるからである。

　そもそも，現実のビジネスは複雑である。さまざまな関係が入り込み，時間の経過とともに変化する。そのため，これが原因だと思っても，実はそれほど大きな影響力を持たない場合もあり，気づいていない他の原因によって結果が引き起こされていることも少なくない。自然相手のイノベーションの場合，さらに原因と結果の関係は複雑になる。

　とくに養殖事業の場合，生き物を製品として仕上げていくために，さまざまな要因が入ってくるだけではなく，その要因が常に変化するという特徴を有している。そのため，現場から研究開発までの一つ一つのコンテクストを理解するだけではなく，異なるコンテクストを関係づけるメタコンテクストのような能力が要求されてくる可能性がある。

　そう考えると養殖事業の場合，川上から川下まで押さえることは競争優位性の有力な方法の一つではある。しかし，その場合，シナジーを創り出すために，どの程度，垂直統合の度合いを高めるのかということが常に問題になる。そのため，垂直統合度とシナジーの関係を多角的な視点で分析する必要性が，今後の課題として残っている。

　さらに，今回の事例で導きだされた新規事業創造のインプリケーションを一

般化するためにも，より多くの事例を積み重ねることは当然ではあるが，他の養殖魚でのイノベーションの比較も興味ある課題として残っている。というのも物の製品と異なり，水産業の場合，魚種の種類によってマネジメントが大きく異なるからである。その意味でも，製造業の技術イノベーションと水産業のそれとを多角的に比較分析するということも，同じく興味ある課題として残されている。

謝　辞

　本稿の事例を作成するにあたっては，日本水産（株）からは前橋知之氏（執行役員養殖事業推進部担当・元黒瀬水産（株）社長），黒田哲弘氏（執行役員人事部長・リスクマネジメント・総務部・法務部担当・元黒瀬水産（株）社長），山下伸也氏（執行役員中央研究所所長・食品分析部担当），三星亨氏（中央研究所主席研究員），原隆氏（大分海洋研究センター次席研究員・元黒瀬水産（株）常務取締役），重野優氏（水産事業第二部部長）に，黒瀬水産（株）からは泉田昌広氏（代表取締役社長），轟一久氏（取締役海洋部部長），熊倉直樹氏（生産推進部部長）に，西南水産（株）からは山瀬茂継氏（代表取締役社長・元黒瀬水産（株）社長）に，弓ヶ浜水産（株）からは竹下朗氏（代表取締役社長・元日本水産（株）養殖事業推進部養殖事業推進課課長）に，ファームチョイス（株）からは福永丈人氏（取締役製造部長・旧水産事業第三部伊万里油飼工場長）に貴重な情報を提供して頂いた。ここに記して感謝の意を表したい。とくに，黒田氏と原氏には度重なるインタビューだけではなく，他の方のインタビュー設定から資料提供までと幅広くご協力頂いた。

　また本研究は，文部科学省科学研究費（研究課題／領域番号18H00897）の採択テーマ「水産養殖事業のグローバルビジネスの構築」から支援を受けて行われた研究成果の一部である。

【注】

1）本稿での老舗企業の定義は，創業から100年以上を経過している企業のことである。老舗企業の研究を戦略的な視点から分析したパイオニア的な研究はとしては，次の著書を参考のこと。神田良・岩崎尚人『老舗の教え』日本能率協会マネジメントセンター　1996年
2）パラダイムについての卓越した研究としては次の文献を参考のこと。加護野忠男『組織認識論』千倉書房　1988年
3）傍流を経験することのメリットについては，次の文献を参考のこと。新原浩朗『日本の優秀企業研究』日本経済新聞社　2006年

第 1 章　水産ビジネスにおける新規事業創造とイノベーション　○───29

4）東レの弾性ストッキングの開発プロセスをみると，コア事業の繊維事業部と医療機器事業部の連携で開発されたが，当初は開発事業がスタートした時点では，使用する専門用語などがまったく異なるため，両部門でコミュニケーションを取ることは難しかった。詳しくは次の文献を参考のこと，神田良・髙井透　『ナイロン高機能製品群－弾性ストッキングファインサポートの製品開発』1-23 頁　東レ経営研究所　2006 年

5）柴田友厚「やさしい経済学－イノベーションを考える－第 3 章組織の作用 6」『日本経済新聞社』2016 年 2 月 26 日

6）伊丹敬之『経営戦略の論理　第 4 版』日本経済新聞社　2014 年。経営資源の捉え方は資源ベース論のコアな課題でもある。資源ベース論では，持続的競争優位性を創り出す独自性の高い経営資源であっても，その資源は固定的かつ不変的なものではないという。つまり，長期存続に効く資源というのは，時代ごとの環境適応を通じて再構成されながら，維持されていくのである。

7）Christensen, C. M. and M. E. Raynor, *The Innovator's Solution: Creating and Sustaining Successful Growth*, Boston, MA: Harvard Business School Press, 2003.（玉田俊平田監修櫻井裕子訳『イノベーションへの解』翔泳社, 2003 年）

8）髙井透「グループシナジーを創り出す全体最適経営」『JR gazette』第 72 巻第 1 号，43-46 頁　2014 年

9）本稿で提示している分析枠組みで，異業種参入による新規事業創造に分析のフォーカスを当てている研究としては，次の論文を参考のこと。髙井透・神田良「長期存続企業から学ぶ新規事業創造」『商学研究』33 号（日本大学商学部）59-91，2017 年 3 月

10）髙井透「日本企業のグループシナジーの創造－黒瀬水産と日本水産の養殖事業イノベーションのコラボレーション」『戦略研究21』2017 年 11 月　pp. 71-106. で執筆されている事例を，再度のインタビュー調査を実施することで加筆，修正したものである。

11）養殖または漁獲された親から人工的に生産された幼生や稚魚などをいう

12）6 ～ 7cm までの稚魚は流れ藻につき，海流によって運ばれる。この時期のものをモジャコという。

13）飼育した親魚から早期採卵した人工種苗技術の構築によって実現したブランドである。若ブリは孵化してから約 1 年半～ 2 年で出荷される。

14）インタビュー調査。2018 年 10 月 10 日

15）インタビュー調査。2018 年 9 月 3 日

16）黒瀬ブリはすでに一部は輸出されている。

17）インタビュー調査。2018 年 9 月 3 日

18）コア人材のネットワークについては，次の文献を参考のこと。沼上幹『経営戦略の思考

法』日本経済新聞社　2009 年

19）現在の若ブリは 4 キロまでに成長させて出荷することが可能である。

20）戦略におけるストーリーの持つ効果としては，次の文献を参考のこと。楠木健『ストーリーとしての競争戦略』東洋経済新報社　2010 年

【参考文献】

Michael Goold and Andrew Campbell（2002）"Desperately Seeking Synergy," *Harverd Business Review,* August, pp. 96-109（西尚久訳「シナジー幻想の罠」『Diamond Harvard Business Review』8 月号，pp. 96-109　2002 年）.

Pidun U et al.（2011）. "Corporate Portfolio Management: Theory and Practice." *Journal of Applied Corporate Finance,* 23（1），pp. 63-76.

Soul T.（2011）. "Within-Industry Diversification and Firm Performance : Synergy Creation and Capability Development." *Academy of Management Best Paper Proceedings,* 71, pp. 1-6.

Zhaleh Najafi-Tavani, Ghasem Zaefarian, Stephan C. Henneberg, Peter Naudé, Axèle Giroud, and Ulf Andersson（2015），"Subsidiary Knowledge Development in Knowledge-Intensive Business Services: A Configuration Approach." *Journal of International Marketing:* December 2015, Vol. 23, No. 4, pp. 22-43.

Zucchella. A and Scabini. P（2007），International Entrepreneurship, Palgrave.

伊丹敬之・宮永博史『技術を武器にする経営』日本経済新聞社　2014 年

伊丹敬之『経営戦略の論理　第 4 版』日本経済新聞社　2014 年

内田亨・高山誠・寺本義也・小松陽一・柴田高「知の融合による顧客価値創造：ぶり養殖企業の事例を通して」 日本経営品質学会 2012 年度春季研究発表大会報告要旨　2012 年 5 月 6 日　東京経済大学

内田亨「わが国におけるブリ養殖事業の課題と今後の可能性」『西武文理大学研究紀要』第 19 号　53-63 頁　2011 年 12 月

江夏健一・髙井透・土井一生・菅原秀幸『グローバル企業の市場創造』中央経済社　2008 年

加護野忠男『組織認識論』千倉書房　1988 年

神田良・岩崎尚人『老舗の教え』日本能率協会マネジメントセンター　1996 年

神田良・髙井透『ナイロン高機能製品群－弾性ストッキングファインサポートの製品開・発』1-23 頁　東レ経営研究所　2006 年

楠木健『ストーリーとしての競争戦略』東洋経済新報社　2010 年

黒田哲弘「ニッスイグローバルリンクスの現状・課題・展望」『マネジメントトレンド』

32-42 頁　2011 年 3 月号

熊井英水「クロマグロの完全養殖への道のり」『科学と工業』82.　12-13 頁　2008 年

柴田友厚「やさしい経済学イノベーションを考える－第 3 章組織の作用 6」『日本経済新聞
　　社』2016 年 2 月 26 日

中島済・小沼靖・荒川暁「ペアレンティング：本社組織の新しいミッション」『Diamond
　　ハーバード・ビジネス・レビュー』8 月号　48-59 頁　2002 年

杉野幹人・内藤純『コンテキスト思考』東洋経済新報社　2009 年

武石彰・青島矢一・軽部大『イノベーションの理由―資源動員の創造的正当化』有斐閣
　　2012 年

高井透「本社の役割とは何か」『世界経済評論 - ビジネスインパクト』2012 年 11 月 5 日
　　＜ http://www.world-economic-review.jp/privious_site/active/article/1105takai.html ＞

高井透「グループシナジーを創り出す全体最適経営」『JR gazette』43-46 頁　2014 年 1 月

高井透・神田良「長期存続企業から学ぶ新規事業創造」『商学研究』(33) 59-91 頁　2017 年 3
　　月

高井透「日本企業のグループシナジーの創造－黒瀬水産と日本水産の養殖事業イノベーショ
　　ンのコラボレーション」『戦略研究 21』pp. 71-106.　2017 年 11 月

高井透「コンテクスト転換と新規事業創造」『OA 学会論集』Vol.26.No.2　49-58 頁　2005 年

寺本義也『コンテクスト転換のマネジメント』白桃書房　2005 年

寺本義也『ネットワークパワー』NTT 出版　1990 年

新原浩朗『日本の優秀企業研究』日本経済新聞社　2006 年

沼上幹『経営戦略の思考法』日本経済新聞社　2009 年

林宏樹『世界初マグロ完全養殖』化学同人　2008 年

藤本隆宏・キム B クラーク『製品開発力－増補版』ダイヤモンド社　2009 年

「人工種苗によるぶり養殖事業」『ニッスイフロンティア』
　　＜ http://www.nissui.co.jp/frontier/33/ ＞

「ブリなどで完全養殖持続可能な食料調達に」『日経エコロジー』　46-48 頁　2013 年 7 月号

第2章

外食産業における商社の役割の変遷ついての一考察
—三菱商事の川下進出を中心にして—

1．はじめに

　1990年代後半より，総合商社によるコンビニエンスストア，スーパーマーケット，外食といった「川下領域」の小売りビジネス全般への進出が顕著に見られるようになった。図表2－1に見られるように，コンビニなどの小売業，外食産業に対しては，積極的に事業投資（株式保有）を行っており，時に商社から人材を送り，事業運営にまで関与している。例えば，食品関連に力を注いでいる伊藤忠商事は，1998年にファミリーマートの株式を取得，2000年には西武百貨店と資本・業務提携を結ぶなかで，西武百貨店が保有する吉野家ディー・アンド・シー株の発行済み株式の20％を取得し，コンビニ，外食の事業投資を行っている（現在は吉野家ホールディングスが伊藤忠の保有していた全株式を買い戻している）。三菱商事は2000年にローソンの発行済み株式の20％をダイエーより取得，2002年には新浪剛史新社長を送り込み，商事自体が直接，事業経営にまで乗り出している（渋谷2004）。

34 ——○

図表2－1　近年の主要商社の川下ビジネスへの参入

	コンビニ等小売	外食
三菱商事	・ローソン（20%） ・セイコーマート（1.2%） ・エーエムピーエム（10%） ・ライフコーポレーション（3.4%）	・日本 KFC（20%） ・ソデックスジャパン（1.2%） ・スマイルズ（10%） ・小林事務所（3.4%） ・コムサネット（13.6%） ・寿司田（5.1%）
三井物産	・イトーヨーカドーグループと包括業務提携 ・セブンミールサービス（6.0%） ・ポスフール（8.5%） ・与野フードセンター（2.4%） ・ロビンソン百貨店（30.0%）	・エーエムサービス
伊藤忠商事	・ファミリーマート（31.0%） ・サニー（31.0%） ・シェルガーデン（31.0%） ・西武百貨店（4.6%）	・吉野家 D&C（20.1%） ・ココスジャパン（11.0%）
住友商事	・サミット（100%） ・マミーマート（20%） ・西友（15.6%）	・住商グルメコーヒー（100%）
丸紅	・ダイエー（5.0%） ・マルエツ（25.0%） ・東武ストアー（12.5%） ・メトロキャッシュアンドキャリー（20.0%）	・テンコーポレーション（63.8%）

出所：小田（2006）140 頁（辻和成「商社との提携は勝ち組の条件か？」『コンビニ』2003
年8月号から小田氏が作成したもの。（　）内は商社の株式保有比率）

　総じて「川下戦略」と呼ばれることの多い総合商社の川下領域への進出は，
今に始まったことではない。総合商社の川下進出は，高度成長に端を発する消
費生活の変容（洋風化）と消費財の流通構造の変化（近代化）のなかで始まった。
1960 年代初頭より，総合商社は，こぞって，スーパーとの提携や事業経営に
乗り出した。代表的な事例を上げると，伊藤忠商事は，1962 年に京都の丸物
デパートと合弁でマックスストアを設立，翌 63 年には西武百貨店と合弁でマ
イマートを，九州の岩田屋との合弁でサニーを設立した。三菱商事は，1969
年に西友ストアと業務提携を提携する一方，ジャスコと合弁で，ショッピング
センター（SC）の建設・運営を行うダイヤモンドシティを設立した（実際の SC
建設に至るのは 70 年代に入ってから）。住友商事は，1962 年に米国のセーフウェイ
と業務提携を行い，63 年に京浜商会を設立し，セーフウェイの指導の下，店

第2章　外食産業における商社の役割の変遷についての一考察　○————35

舗展開に着手した（ただし，地元の流通業者の反対運動などで，食品中心の小型スーパーとしてスタートせざるをえず，開店当初から業績が振るわなかったため，セーフウェイは翌64年に業務提携から手を引いた。そのため，住友商事が当該事業を引き継ぎ，67年には店名を京浜商会からサミットストアに変え，独自に事業運営を行うことになった）（平井2002）。

1969年の第二次資本自由化により，飲食業が自由指定業種（100%自由化）となった。そのため，70年代に外資系企業との合弁による外食産業への進出が相次いだ。例えば，70年には三菱商事が米国ケンタッキーフライドチキン（以下，米国KFC）と合弁で日本ケンタッキーフライドチキン（以下，日本KFC）を，東食が英国のウィンピーと合弁で東食ウィンピーを設立した。翌年以降も，丸紅が米国のデイリークイーンと，三菱商事がシェーキーズと，住友商事がピザハットとそれぞれ合弁し，外食チェーン・ビジネスに乗り出した（図表2-2）。

図表2-2　1970年代初頭の外食産業への進出状況

企業名	店名	設立	資本金	商社（出資比率）
東食ウインピー	ウインピー	1970年	8,000万円	東食（51%）
日本KFC	KFC	1970年	7,200万円	三菱商事（50%）
日本デイリークイーン	デイリークイーン	1973年	1億4,700万円	丸紅（50%）
日本ピザイン	ピザイン	1973年	4,000万円	伊藤萬+α（100%）
日本ピザハット	ピザハット	1973年	3,000万円	住友商事（10%）
日本シェーキーズ	シェーキーズ	1973年	2億4,800万円	三菱商事（45%）
日本バーニーイン	バーニー	1973年	5億円	三菱商事（-）
日本ハーディー	ハーディー	1973年	3,000万円	兼松江商（100%）

出所：小田（2006）136頁（㈶外食総研『外食産業統計資料集』1987年より小田氏作成）

とはいえ，総合商社による初期の川下戦略で成功を収めたのは，スーパーでは住友商事のサミット，外食では三菱商事の日本KFCなど，ごく少数の企業に限られ，その他ほとんどが撤退している。こうした背景には，2つの理由がある。第一に「商社は本来貿易商社であるべき」という「商社の領分に関する点」で，商社自体の経営スタンスがオルガナイザー的であり，特定の事業に深入りせず，総花的な成長を求めてきたこと。第二に「経営システム（経営のや

り方）の相違」で，川上から原材料を流すといったB to B（生産財）取引を主体とする商社と，川下で不特定多数の顧客を相手にB to C（消費財）取引を行う小売りとでは，経営のやり方や，そうした経営を可能にする「ケイパビリティ（能力）」の内容が大きく異なることである。とりわけ，投資先の「事業運営」を行う能力は，商社の世界で「トレード」と言われる「商品取引自体を執り行う能力」，そして「商権」と言われる商品取引を継続的に行って「コミッション（口銭）を得る権利を取得・管理する能力」とは大きく異なるため，総合商社が川下領域の「事業投資」を超えて「事業経営」にまで乗り出すことは容易ではなかったのである（島田 2004）。

　このように商社自らが「事業経営」を行うことの難しさが指摘できる一方，昨今の商社の川下領域への進出（川下戦略）を見てみると，すべてではないが「事業投資」の先にある「事業経営」までも視野に入れた動きが見て取れる。それでは，近年，なぜ，総合商社は初期の川下戦略では叶わなかった「事業経営」までを射程に入れるようになったのか（事業経営の動機），はたまた，入れられるようになったのであろうか（事業経営の能力獲得）。本章では，小売りビジネスのなかでも，総合商社が1970年代から長らく関与してきた「外食産業」に絞り，商社との関わりを歴史的に振り返りながら，商社が川下戦略において「事業経営」までを射程に入れるようになった「動機」と，それを可能にした「能力獲得の過程」を見ていく。そうすることで，昨今の商社の川下進出の本質の一端が明らかにできると思われる。

2．先行研究と分析視角

　さて，総合商社の川下戦略は，商社を扱った書物で必ず触れられるほどの重要なトピックスとなっている（大森・大島・木山 2011，田中 2017，三菱商事（株）編著 2015）。川下戦略が注目を浴びるようになったのは，平成不況期に生じたメーカーによる「商社外し」や「中抜き」の動きが発端となっている。そして，仲介取引事業に代表される「伝統的な商権ビジネス」で伸び悩んだ総合商

社は，新たな収益源を探し求め，投資からの配当収入を狙って，川下分野への「事業投資」を活発化させたことが大きい。

　こうした商社の川下戦略を，その歴史的経緯も含めて包括的に扱った研究は，島田（2004）を除くと，ほとんど見当たらない。そうした背景には，商社の諸活動がダイナミックに進化してきていることを捉える歴史的な分析視点を欠いていることがある。島田（2004）が指摘するように，商社の経営において川下事業の位置づけを「販売先」と見るか「伸ばすべき事業」と見るかといった二分法に終始し「統合的視点」を欠いていることが挙げられる。すなわち，川上から川下までの商社のサプライチェーンを，モノが重要となる川上と，店舗イメージやサービスが重要となる川下といった2つのビジネス機能に分けてしまっている。そのため，商社にとっての川下が，B to B（生産財）取引の単なる販売先になるのか，B to C（消費財）取引の事業拠点になるのかという以上の議論にならない傾向にある。

　しかし，昨今の商社の川下戦略における「川下」は「販売先」でもあり「伸ばすべき事業」でもあり，容易に分けられるものではない。すなわち，時代によって，商社にとっての「川下」の含意や意味づけが変化しているのである。そうした川下の含意や意味の変化は，商社にとっての「川下事業の位置づけの変遷」あるいは「川下事業のコンテクストの変化」として捉えることができる。例えば，1960年代に初めて川下事業に乗り出したときの商権ビジネス中心の時代と，平成不況後の「商社外し」への危機感から，商社が商権ビジネスから事業投資へとビジネスモデルを転換させてきた時代とでは，商社にとっての川下事業のコンテクストが大きく異なっている。そのため，60年代の川下事業は単なる「販売先」という認識で済んだかもしれないが，現在のそれは「伸ばすべき事業」としても考える必要が出てくる。

　こうした商社の川下戦略の歴史を通じて，川下事業のコンテクストの変化を探る研究は，十分なされているとは言えないが，経営史家による川下進出の歴史研究がないわけではない。平井岳哉の一連の研究（平井 2002, 2014）は，総合商社の小売ビジネス領域への進出の歴史を「1960〜70年代」と平成不況後の

「1990年代以降」に分けて考察した類まれなものである。平井（2002）は，70年代の総合商社のスーパーマーケット事業への進出を考察したもので，商社が川下領域のスーパー事業に失敗した理由を2つ指摘している。ひとつは，外資と手を組んで川下に進出したことへの「社会からの反発」に対し，商社が川下事業を推し進めることに躊躇したこと。いまひとつは，商社とスーパーの経営体質の違い，すなわち，一回の取引額が大きいB to B取引を得意とする商社と，一回の取引額は小さいが取引頻度が多いB to C取引を得意とするスーパーとでは，必要とする経営能力が異なったため失敗に至ったことを指摘している。とりわけ，2つ目の理由は，商社の川下事業への進出を可能にさせたコンテクストを探る上で重要な視点である。しかしながら，この研究を引き継ぎ，対象とするタイムスパンを90年代以降にまで広げた平井（2014）では，川下事業への進出に消極的だった三井物産に焦点を絞ったためか，同社の川下戦略が既存のB to B取引から大きく逸脱せずに進められてきた点を指摘するに留まり，なぜ，他の商社は積極的に川下戦略を展開したのか（動機），展開できたのか（能力）が十分説明されていない[1]。

　そこで本稿では，総合商社にとっての川下事業のコンテクストの変遷を史的に振り返ることで，なぜ，いかにして，現代の総合商社は川下戦略における事業経営を可能にしたのかを考察していくことにする。具体的には，総合商社が川下事業に乗り出す際に，どのような事業経営能力をいかに形成しえたのかについて，三菱商事の川下戦略に関わる2つの事例を通じて見ていくことにする。まず，外食の世界では成功事例としてつとに有名な三菱商事の日本KFC事業への関与について見ていく。日本KFCを取り上げる理由は，近年の同社による外食産業への展開の多くが，日本KFCを経由しており，同社が三菱商事の外食関連の新規事業インキュベーションの拠点となっているからである（平井2015）。次に，日本KFCから派生したともいえる，外食の世界で多様なレストランの店舗開発を行っているクリエイト・レストランツ・ホールディングス（以下，クリエイト・レストランツ）の事業経営について見ていく。

　かかる考察から，「①日本KFCが，どのような新規事業創出能力を形成し

たのか」が明らかになる。加えて、新規事業創出能力自体は、三菱商事本体にあるのではなく、日本KFCに属するもので、「②親会社の三菱商事は、こうした子会社の能力を、どのように活用して川下事業展開を推し進めていったのか」も明らかになるであろう。さらには、「③こうした能力形成が、商社にとっての川下事業の位置づけの変化と、どのように関わっているのか」も明らかにできると思われる。

3. 三菱商事の事業経営能力の生成—日本KFCの事例

本節では、日本KFCの事例を通じて、三菱商事の事業経営能力の生成プロセスを見ていくことにする。

1969年の第二次資本自由化のタイミングで外食産業へいち早く参入したのは三菱商事であった。1970年7月に同社が米国KFCとの合弁で日本KFCを設立したことに始まる。同社が米国KFCとの合弁を志向したのは、以下のような理由があった。日本では1960年代以降の食の洋風化と相まって、肉類、鶏卵、乳製品といった動物性タンパク質の摂取量が増加していた。それに呼応するように、総合商社を中心にブロイラー（食肉専用の鶏種）生産が急増し、三井物産を筆頭に、家畜飼料の輸入から、食肉の加工処理、小売業者への販売まで一気通貫させるような「垂直統合化された畜産事業（畜産インテグレーション）」が推進され始めた。

しかし、「畜産インテグレーション」によりブロイラーが量産されるようになると、国内におけるブロイラーの大規模かつ安定的な販路（販売先）の確保が課題となった。三菱商事にはブロイラーを大量購入できる外食の事業経営の経験がないばかりか、国内を見渡しても投資対象となる安定した経営基盤を持つ外食企業が少なかった。そのため、60年代半ば、三菱商事シカゴ支店長代理・食料部長の相澤徹氏は、社内の有志を募って米国でブロイラーの販路の調査を行った。その中で、彼らは、米国で大量のブロイラーを消費していた米国KFCに着目し、日本における事業化交渉に着手した。彼らの4年に渡る粘り

強い交渉を経て，三菱商事は，米国 KFC から経営ノウハウや調理機器のライセンスを受ける契約を取り付け，折半出資による合弁事業の締結を見た。時を同じくして，1969 年 7 月に三菱商事を中心に，日本農産工業，日清飼料，日本ハムの 4 社でジャパンファームを設立し，ブロイラーの生産・処理・加工を統合した「畜産インテグレーション」の体制を整備した。こうして，日本 KFC という 1 つの有力な販路を見いだし，三菱商事のブロイラー事業が離陸した（小田 2006，原・稲垣 1983，平井 2015, 2017，三菱商事編纂 1986）。

　しかし，日本 KFC は，ブロイラーの販売先としても，フライドチキン販売の事業拠点としても厳しい出発を強いられた。1970 年 3 月 15 日に開幕した日本万国博覧会（通称，大阪万博）の米国館での KFC 出店こそ賑わいを見せ，外食時代の到来を想起させたが，その後の三菱商事の外食産業への参入は順風満帆とはいかなかった。1970 年 7 月 4 日に日本 KFC が設立を見てから，同年 11 月 21 日の一号店の開店までの 4 ヶ月間，突貫工事で進められた。1 号店は，名古屋市のダイヤモンドシティ・名西ショッピングセンター（旧ジャスコ，現イオン）の敷地内に出店した。日本 KFC の初代社長は，三菱商事専務取締役の中村基孝氏が出向する形で担ったが，1 号店のオペレーションは同社設立と同時に雇用（中途採用）された店長の大河原毅氏に任された。大河原氏は，前職の大日本印刷の時代に，大阪万博の米国館に KFC を出店するために来日していた米国 KFC のロイ・ウェストン（Roy Weston）氏と，商品パッケージの商談を通じて知己になった。そして，日本 KFC 設立時に，ウェストン氏にビジネスの才覚を買われ，三菱商事の相澤氏と商事から日本 KFC に出向していた富田昭平氏を介してスカウトされ，日本 KFC 第 1 号社員となったのである。

　とはいえ，外食産業のノウハウがほとんどない三菱商事にとって，日本 KFC の開店スタッフを集めるのにも難儀した。そのため，店長の大河原氏が出店予定地の名古屋市内の栄養専門学校などを尋ね，アルバイトのリクルートを行う始末であった。近隣の学校を尋ねた甲斐もあって，スタッフを確保でき，開店にこぎつけたが，客の入りは芳しくなかった。フライドチキンの美味しさを体験して欲しいと無料試食を提供した時にはたくさんの顧客が来店する

が，購買にはつながらなかった。そもそも，それまで家庭で調理するものだった唐揚げ（フライドチキン）をロードサイドの郊外店まで車を運転して買いに来るという習慣は日本ではまだ早すぎたのだった。もっとも，三菱商事から日本KFCに出向していたスタッフは，綿密な市場調査をしていた。彼らは，日本では繁華街への立地からスタートさせるべきだと回答していたが，米国本部より米国KFCの出店マニュアルに従うよう求められ，米国KFCの指示で郊外のロードサイド立地が決められた。立地戦略に関して，日本KFCがイニシアティブを取れなかったことは，1号店に続いて出店した2号店（枚方），3号店（東住吉）にも共通した問題として横たわり，同社立ち上げ期の躓きの元となった（いんしょくハイパー編 2010a，大河原 2016，小島 1987，山口 1988）。

　かかる立地戦略に見られるように，日本KFCはスタート時から米国KFCとの関係性に悩まされてきた。当時，日本KFCのスタッフは，三菱商事からの出向者と日本KFCの新規採用者で構成されていたが，経営ノウハウも含めてほぼすべてのオペレーションは米国KFCのフランチャイズ・システムに依存していた。米国KFCを日本へ持ってくるのに尽力した相澤氏も日本KFCへの支援を惜しまなかったが，やはり三菱商事側の人間であり，日本KFC側にKFCのマネジメントの詳細を理解している人間は皆無であった。そのため，店長の大河原氏は，KFCのマネジメントを学ぶため，1号店の出店後2ヵ月も経たないうちに，1971年1月，研修を受けるために，ケンタッキー州ルイヴィルにあるKFC本部へ渡米した。しかしながら，当時の米国KFCは，アルコール飲料メーカーのヒューブライン（Heublein Inc.）の買収提案を受けて浮き足立っており，研修どころではなかった。また，彼の米国滞在中に米国KFCのヒューブラインへの売却が決まり，近い将来，合弁先の企業が変わることなど，日本KFC事業の先行きの不安が募っていた（1971年7月に譲渡）。彼にとっての唯一の幸運は，米国KFCのフランチャイズ・チェーン第1号店（ユタ州ソルトレイクシティ）のオーナー，ピート・ハーマン（Pete Harman）氏と出会えたことで，そこで聴いた「経営はピープル（人）だ」というKFCスピリットの一端は，その後の心の支えとなった（大河原 2016）。

1971 年当時，健闘していた東住吉の 3 号店を除くと，名西の 1 号店も枚方の 2 号店も販売が振るわず，7,200 万の資本金をすでに使い果たし，1 億円の赤字を計上していた。三菱商事も事業撤退を視野に入れ始めた。事実，商事からの出向者が出戻り，中途採用者も退職し始めた。ハーマン氏に励まされながら 71 年 3 月に帰国した大河原氏は，自分たちの考えでもう 1 店舗だけチャレンジさせてもらいたいと懇願し，認められた。そして 71 年 4 月，神戸三宮の外国人居留地と山手を南北に結ぶ「トアロード」という感度の高い顧客が居住する商店街に 4 号店を出店した。4 号店の立地は，米国 KFC が主張する「(郊外の) ロードサイド」ではなく「駅裏通り」にした。この戦略が奏功し，4 号店は芦屋などの富裕層の顧客が列を作るほどであった。この成功を弾みに，東京進出を図り，同年 7 月の青山に 5 号店を出店した。青山店も成功を収め，これがさらなる引き金になり，感度の高い顧客が居住する目黒，山下 (横浜市)，成城学園，鎌倉，田園調布など駅裏通りに次々と出店していった (いんしょくハイパー編 2010b，大河原 2016，山口 1988)。

図表2－3　日本 KFC のチェーン別店舗数推移

KFC チェーン
店舗数 (各年度末現在)

年度	直営店	フランチャイズ店	合計
'70	8	2	10
'71	12	6	18
'72	27	21	48
'73	40	44	84
'74	58	57	115
'75	57	65	122
'76	60	73	133
'77	64	84	148
'78	74	111	185
'79	95	151	246
'80	113	187	300
'81	132	211	343
'82	137	236	373
'83	150	263	413
'84	168	305	473
'85	188	352	540

'86	208	408	616
'87	227	474	701
'88	251	536	787
'89	271	604	875
'90	289	649	938
'91	321	666	987
'92	330	687	1,017
'93	342	702	1,044
'94	343	712	1,055
'95	326	719	1,045
'96	324	720	1,044
'97	320	725	1,045
'98	323	703	1,026
'99	336	701	1,037
'00	349	735	1,084
'01	336	793	1,129
'02	322	819	1,141
'03	329	838	1,167
'04	338	821	1,159
'05	348	805	1,153
'06	354	795	1,149
'07	365	787	1,152
'08	380	770	1,150
'09	339	788	1,127
'10	334	816	1,150
'11	330	836	1,166
'12	329	851	1,180
'13	329	842	1,171
'14	330	825	1,155
'15	316	828	1,144
'16	326	823	1,149
'17	329	824	1,153
'18（計画）	315	844	1,159

出所：日本KFCホールディングス㈱（2018）『Corporate Guide』

　東京方面への出店に後押しされるように，日本KFCは急速な成長を遂げ，1973年12月には東京は赤坂に100店舗目を出店するまでになった。こうした急速な出店が可能になった背景には，東京方面への直営店展開と並行して，フランチャイズ・チェーン展開を推進したことが挙げられる。71年9月の江ノ島店出店がフランチャイズ1号店となったが，日本KFCは，米国KFCのフ

ランチャイズ戦略とは異なり，独自の方針を貫いた。米国 KFC は，短期的に
のし上がりたいという起業家マインドを持った個人事業主を中心にフランチャ
イズへの加盟を勧めたのに対し，日本 KFC は，すでに一定の事業基盤のある
地元密着の老舗サービス企業に加盟店になってもらい，最初から複数店舗をマ
ネジメントしてもらうようにした。こうした方針は，日本 KFC が三菱商事の
ブロイラー事業の販売先の確保のための川下進出から誕生した経緯と無縁では
ない。「畜産インテグレーション」のサプライチェーンの中に位置付けられた
日本 KFC のフランチャイズ加盟店は，短期的な収益よりも，ブロイラーの安
定消費先として長期的視点で事業運営することが求められていたからだった
（日本 KFC ホールディングス㈱ 2018，山口 1988）。

　さて，日本 KFC は約 5 年ごとにチェーン店舗数を倍増させる勢いで成長を
遂げてきた（図表 2 - 3）。1973 年 12 月に 100 店舗目の赤坂店を開店し，翌年
の年末，大河原氏の肝いりで「クリスマスの日にケンタッキーを食べる」とい
う日本 KFC オリジナルのクリスマス・キャンペーンを実施しヒットを飛ばす
と，破竹の勢いで成長していった。以降，79 年 3 月には 200 店舗目の東海店
を，85 年 4 月には 500 店舗目の渋谷公園通り店を，92 年 7 月には 1,000 店舗
目の新千歳空港店を開店させてきた（日本 KFC ホールディングス㈱ 2018）。

　このように順調に成長を続けてきたように見える日本 KFC ではあったが，
米国 KFC との関係性に引き続き悩まされることになる。日本 KFC 設立当初
の 70 年代初頭は，米国 KFC の出店マニュアルを遵守することで悩まされた
が，70 年代後半以降は，米国 KFC が短期的な成果を求めるあまり，日本
KFC のマネジメントに介入するようになった。まず，調理方法の簡略化が求
められた。例えば，日本では手作業でやっていた味付けを機械化すること，綿
実油とコーン油から価格の安いパーム油に変えること，カーネル・サンダース
氏が開発した 3 回の味付けを 2 回に省略せよとのことであった。次に，ブロイ
ラーに国内産鶏肉ではなく外国産の採用が求められた。両者ともにコスト削減
を目的としたものだった。こうした米国 KFC の介入は，78 年に日本 KFC の
副社長となっていた大河原氏にとっては，首肯できない問題であった。なぜな

ら，調理方法の簡略化は，KFCの生命線である独自の味付けを損なうことになる。また，円高によって外国産鶏肉の方が相対的に安く購入できるとはいっても，鮮度が大事な鶏肉にとって，輸送に時間がかかる外国産は論外であった。さらには，外国産鶏肉は血抜きが不十分で，日本の顧客には，その味覚が受け入れられないとの思いがあった。そのため，大河原氏は，こうした米国KFCの介入に対し，日本KFCの立場を徹底的に貫いた（大河原2005, 2016）。

　大河原氏が日本KFCの立場を貫き通せたのには，三菱商事が，米国KFC在日現地法人に過ぎない日本KFCと米国本部の間を「うまくマネジメントして（取り持って）くれた」ことにある。三菱商事の「親会社＝子会社間」をうまくマネジメントできる能力は，子会社の日本KFCを支援するための組織体制とそれを活かす場づくりに裏付けられていた。日本KFCを支援する組織としては，同社設立（1970年）と同時に，三菱商事の食料本部内に，新規事業開発を長期的な視点で支援する部署として「食料開発部」を設置したことが挙げられる。同開発部は，三村庸平（後の三菱商事社長），相澤徹（後の日本KFC会長），日高一雄（米国KFCを日本に持ってきた1人）のたった3名からなる部署であったが，設立時に三菱商事内で生じた日本KFCに対する批判の声を遮断した。また，同開発部のメンバーは，73年に大河原氏を代表権付きの取締役常務に就任させるときに米国KFCから上がった反対の声に対して，遮蔽板の役割も果たしたのである（大河原2005, 平井2015）。

　三菱商事の食料開発部が，米国KFCによる日本KFCへの介入に対して遮蔽板になってくれたことで，日本KFCの中に，リーダーである大河原氏が事業経営に関するイニシアティブを最大限発揮できる場が生成されることになった。事実，1980年代の米国KFCのマネジメントの状況は，親会社の三菱商事にとっても，事業経営の当事者である子会社の日本KFCにとっても大変厄介なものであった。なぜなら，1980年代には米国KFCの株主が頻繁に変わったからだった。82年10月にはタバコ・メーカーのR.J.レイノルズがヒューブラインを買収して，米国KFCの新しい株主となった[2]。ところが，それから4年後の86年10月にはヒューブラインを買収したばかりのR.J.Rナビスコ[3]が

飲料メーカーのペプシコに米国 KFC を売却した。当然ながら，M&A の都度，米国 KFC の経営方針が大きく変わることになる。例えば，80 年代初頭に三菱商事は日本 KFC を日本で上場させたいと考えていたが，親会社の R.J. レイノルズは賛同しなかった。当時，タバコ・メーカーは本業のタバコで多くのキャッシュを稼ぎ出していたので，投資資金には事欠かなかったからである。とはいえ，84 年に日本 KFC の代表取締役社長になった大河原氏は，そのまま手をこまねいていた訳ではなかった。彼は親会社が R.J. レイノルズからペプシコに変わるタイミングを見計らって，店舗改装などの先行投資をした。日本 KFC は一時的な減益を被るも，ペプシコにマネジメントが移った時点で先行投資の成果が出て増益となった。大河原氏は「米国本社の経営が変わると日本もよくなった」と新しいトップマネジメントを持ち上げ，良好な関係をスタートさせるなど，本社と現地法人との間で巧みなマネジメントを行う「したたかさ」も見せた。これらも三菱商事が大河原氏に全幅の信頼を置き，日本 KFC を自由にマネジメントさせることを許容したことが大きかった（大河原 2016, 保森 1992, 山口・宇田 2006）。

　「はじめに」で述べたように，日本 KFC の事例は，総合商社による初期の川下戦略で成功を収めた数少ない事例である。とはいえ，本節で見てきたように，外食産業での事業経営の経験を持たなかった三菱商事は，米国 KFC との間で日本 KFC という合弁事業を推進していく中で，単に米国流の外食チェーンの運営ノウハウをフランチャイズという形で取りいれただけではなかった。むしろ，合弁事業スタート時の失敗の中で，出店マニュアルなど一部の運営ノウハウに懐疑の目を向け，大河原氏が「和魂洋才の経営」というように，米国 KFC で作り上げられた合理的なマニュアルの基本的な部分は踏襲しつつも，日本人の心情や日本市場にあり様に寄り添いながら新しい事業経営能力を作り上げていった。こうした「人間臭い合理主義」ともいえる事業経営能力は，三菱商事の中にあるというよりも，日本 KFC の中で生成されたものである。とはいえ，そうした事業経営能力が育成できたのは，三菱商事による新規事業開発を支援する組織体制の整備と，そうした組織体制を通じて，日本 KFC の

リーダーが自由にイニシアティブを取れる場づくりが行われた結果なのである（山口 1988）。

　次節では，日本 KFC の中で生成された，かかる事業経営能力が，三菱商事との関係の中で，どのように展開していったのかを別の事例を通じて見て行くことにしよう。

4．三菱商事の事業経営能力の展開
　ークリエイト・レストランツ・ホールディングスの事例

　三菱商事は，米国 KFC との合弁で日本 KFC の事業運営に乗り出したが，日本 KFC という外食産業における事業経営能力を生成させる場の提供に留まっていた。ところが，そこで生成された能力は，日本 KFC に出向した三菱商事の従業員を通じて商事に持ち帰られ，商事の事業経営能力形成に新たな展開をもたらすことになった。

　大河原氏は，日本 KFC の第 1 号社員であり，1973 年より代表取締役常務になり，78 年に代表取締役副社長，84 年に同社初の生え抜きの代表取締役社長[4]となり 30 年近く日本 KFC の代表を務め，2001 年 11 月 21 日に同社を退職した。とくに，大河原氏が社長を務めた 18 年間は，日本 KFC の成長もさることながら，同社が三菱商事の外食産業におけるインキュベーション・センターとして商事の事業経営能力形成に貢献することになる。本節では，日本 KFC との関わりの中で生じた商事の新規事業開発の事例，とりわけ，クリエイト・レストランツ・ホールディングス（以下，クリエイト・レストランツ）を立ち上げた岡本晴彦氏を巡る動きを通じて，商事の事業経営能力の展開を見て行くことにしよう。

　クリエイト・レストランツは，複数の事業会社をグループとして束ね，2018年 2 月の時点で 194 ブランド，864 店舗を擁する外食産業の注目企業である。同社は，1999 年 5 月に三菱商事の社内ベンチャー事業として岡本氏が立ち上げたもので，現在までに，レストラン商業施設を中心に，立地特性や顧客属性

に合わせて，カジュアルなフードコートから，居酒屋，ディナータイプのレストランまで様々な業態の店舗を企画・開発し，直営展開する外食事業グループとして急成長を遂げてきた。

　岡本氏が外食産業での新規事業開発に邁進するきっかけとなったのは，三菱商事での彼の初期キャリアであった。岡本氏は，1987 年に三菱商事に入社した。営業を希望したが，本社の情報通信システム部門の配属となり，商社全体の基幹情報システムの構築を担当した。しかし，4 年後に同部門が改組されたのを機に，本流を外れ，同部門の食料統括部に回ることになった。たまたま，1996 年に三菱商事の子会社である日本 KFC から情報システムと物流が分かる要員のオファーがあり，岡本氏は自ら出向を買って出た。日本 KFC では物流システム改善のプロジェクトに携わった。ところが，求められたシステム改善は，フライドチキン事業のものだけだったので，3 ヶ月程で作業は終わってしまい，時間を持て余していた。そのようなときに岡本氏に「新規事業のミーティングがあるから出席しなさい」と声をかけてくれたのが日本 KFC 社長の大河原氏だった。大河原氏の下には，国内外の外食企業の社長が日々商談を持ち込んでいた。岡本氏は幸運にもそのミーティングに何度も立ち会うことができた。そうした商談の場に来ていたのが，後に岡本氏と外食事業を立ち上げることになる老舗焼肉店「德壽」のオーナー，後藤仁史氏や，スープ専門店「Soup Stock Tokyo」を立ち上げる遠山正道氏であった。以下，こうした出会いがどのようにもたらされ，岡本氏をどのように突き動かしたのかについて見ていくことにしよう（岡本 2009，中村 2015）。

　まず，遠山氏との出会いから見て行くことにしよう。1997 年，遠山氏の所属していた三菱商事情報産業グループの複合機能サービス推進室では，千を超える日本 KFC の店舗や，1991 年から日本 KFC がスタートさせた宅配事業，ピザハット等を結びつけて新たな可能性を模索していた。当初担当外であった遠山は，自ら挙手し，日本 KFC 絡みの企画提案や調査に関わるようになった。その中で，日本 KFC 社長の大河原氏と出向中の岡本氏の前でプレゼンテーションをする機会を得た。有機野菜レストランなどの企画提案は，大河原

氏や岡本氏を魅了した。食関連の事業に関わりたかった遠山氏は，年齢の近かった岡本氏に，大河原氏より三菱商事に「遠山君に，出向というかたちで日本 KFC に来てもらいたい」という申入れができないかと頼み込んだ。岡本氏も遠山氏の企画に興味があり，三菱商事の各部署に働きかけた結果，1997年，1年の期限付きで遠山氏の日本 KFC への出向が許可された。遠山氏は日本 KFC の新規事業部配属となり，遠山・岡本両氏で新規事業開発に勤しむことになる。97年12月，遠山氏は「Soup Stock Tokyo」の原型を提案した。アメリカはニューヨークではスープ専門店が女性に人気で，日本でも新規事業としてスープ専門のチェーン店を始めるべきであるというものだった。社長の大河原氏は，そのアイデアを気に入り，スープ事業立ち上げのゴーサインを出した。同時に，大河原社長から「サラリーマンで終わるのではなく，三菱商事を利用してベンチャーを興せ」などと大いに激励された。遠山・岡本両氏は，さっそく日本 KFC 本社のテストキッチンでゼロからスープ開発を始めたが，こうした地道な取り組みが実り，99年8月，お台場のヴィーナスフォートに「Soup Stock Tokyo」1号店を開店することになった（遠山 2006, 2011，中村 2015）。

　もっとも，「Soup Stock Tokyo」は，ケンタッキーのメニューと競合するため，日本 KFC 社長の大河原氏が個人で運営する日本 KFC の子会社という位置づけでスタートした。さらに，三菱商事からの出向者に過ぎなかった遠山氏は，このスープ事業の立ち上げと同時に商事に戻る期日が近づいてきていた。そのため，同事業どのように存続させるのか悩んでいた。大河原社長個人預かりの事業から，日本 KFC の事業に換えることも考えられたが，大河原氏以外の役員は難色を示した。結局，三菱商事の方で会社を作り，日本 KFC からのれんを譲渡してもらう形を模索せざるを得なかった。遠山氏は，自分の所属していた情報産業グループや社内で外食産業に関心を持ってくれそうな事業部を訪問したが，どの部署もなかなか取り合ってくれなかった。幸運なことに，遠山氏が新規事業の相談に行き，興味を持ってくれた本部長のいる，本属とは畑違いの部署預かりで事業継続が認められた。当時，商事内では社内ベンチャー

の仕組みを作ろうとしていたところで、その前哨戦として「Soup Stock Tokyo」が社内ベンチャー0号案件として目されたのだった。こうして、2000年2月に三菱商事87％、遠山氏個人13％の出資比率でスマイルズを設立し、三菱商事の新規事業としてスープ事業が離陸した（あしたのコミュニティーラボ編2016，遠山2006, 2011）。

一方、日本KFC内で「Soup Stock Tokyo」の企画立案から立ち上げまで関与した岡本氏自身も飲食ビジネスへの関心を大いに高めた。しかし、その関心が実体化したのは、日本KFCへの出向を終え、1998年10月に三菱商事の生活産業グループ流通企画部フードサービスチームへ戻ってからだった。当時のチームリーダーは、すぐ後にローソンプロジェクト統括室長を経てローソン社長となる新浪剛史氏であった。新浪氏は、商社の中で周辺に位置していた外食産業にも成長機会が訪れたと認識しており、新規事業開発を含めた事業経営に積極的に乗り出すようメンバーに促していた。こうした背景には、90年代半ばより喧しい商社に対する悲観論を払拭したいとの想いがあった。当時、80年代後半のバブル期に乗じて急拡大した総合商社の事業投資先が、平成不況期に入って軒並み不良債権化していた。そのため、90年代後半には「選択と集中」を試行しながら「新しいポートフォリオ」を模索する一方、「リスク管理手法を刷新」しながら、事業投資から収益を上げるための「新しいビジネスモデル」を模索しなければならなかった。これまで商社が取り組んできた単に商品（事業）ラインナップを増やすのみならず、顧客のニーズに基づき、新たな事業展開の中で、商社が持つ様々な機能（金融、投資、物流、情報）を融合させていくことが求められたのだった。とりわけ、食品の領域では、物流・情報を駆使できるように卸売機能の強化を目してグループ内の卸売企業を再編しつつ、特定の小売事業者と資本関係を持たないという従来の方針から大きく逸脱し、川下の特定の小売事業の経営に踏み込んだ改革を推し進めるようになったからであった（田中2017，中村2015，三菱商事（株）編他2011，三菱商事㈱編2015）。

新浪氏率いるフードサービスチームの中で岡本氏が最初に取り組んだのが、東京ディズニーランドの経営母体、オリエンタルランドと提携して、米国の

「レインフォレストカフェ」というテーマレストランを東京ディズニーランド内の商業施設「イクスピアリ」に誘致するという企画だった。岡本氏は，日本KFCへの出向以降，様々な外食産業を垣間見て，以下のような考えを持つようになっていた。「外食産業では，現場におけるオペレーションの比重が大きいので，現場に力があります。その現場が，これまでマニュアルに基づいて生産を行うばかりで，社会の動きに対してどう対応すべきか，ということはほとんど考えてこなかったわけです（財部2005）」と。この背景には，従来の外食産業が「自分たちが売りたいもの」だけを作って売ってきたことがあった。日本経済が右肩上がりで需要が多いときは，そうした供給過剰分は吸収される余地がある。しかしながら，不況期になり，経済成長のペースが鈍化すると店舗同士の競争が激化し，消費者主導の現実が突きつけられる。岡本氏は，プロダクトアウト的に売り手の論理を強調するのではなく，マーケットイン的に，主要顧客が選好する業態を「少し新しい感性」でやることに注力した。

　加えて，商業施設側のテイストにも最大限の注意を払った。「イクスピアリ」へのレストラン誘致の場合，同施設が東京ディズニーランドのなかにあるため，オリエンタルランド側が，日本全国どこにでもあるような大規模チェーンが参入してきて，東京ディズニーランドの特別感が損なわれることを気にしていた。そのため，岡本氏は，日本では知られていない，テーマレストランの仕掛け人でもあるスティーブン・シュッスラー（Steven Schussler）が1994年に米国ミネソタ州で仕掛け，その後，全米展開した「レインフォレストカフェ」の誘致を提案した。三菱商事にとって外食事業は日本KFC以来であり，レストラン自体も初めて手掛ける事業であった。それだけでなく，三井グループのオリエンタルランドと三菱商事という大手企業同士の合弁ということもあって世間から注目される中，2000年1月，岡本氏は事業を成功裏に立ち上げ，同レストランの「イクスピアリ」への出店を果たした。結果，岡本氏は，三菱商事の中では「外食の第一人者」と見なされるようになった（池田2012, 財部2005, 西山2008）。

　岡本氏は「レインフォレストカフェ」の誘致と相前後するように，別のレス

トランの新規事業プロジェクトの立ち上げにも乗り出していた。岡本氏は「レインフォレストカフェ」の誘致を進めながら，大手企業同士の合弁は意思決定の調整１つとってみても大変で，彼自身がやりたい方向と違うと感じ始めていた。そして，三菱商事が社内ベンチャーを促進しているムードの余勢を駆って，以前，日本KFCにて知り合った老舗焼肉店「德壽」のオーナー，後藤仁史氏に声をかけ，商業施設向けのレストラン事業の企画提案をした。後藤氏の世界のレストランに関する知見と，それに裏付けられた優れた店舗提案力が，岡本氏の食のマーケットに対する冷徹な眼差しと融合し，三菱商事の後ろ盾を得ることで，新規事業として離陸できると考えていた。岡本氏は，後藤氏が1997年4月に設立した地ビール製造販売会社，ヨコスカ・ブルーイング・カンパニーを99年4月にクリエイト・レストランツに商号変更し，翌5月に德壽の所有する洋食レストラン5店舗の営業権を譲り受け，レストラン事業をスタートさせた。その中の1つが，お台場の商業施設，ヴィーナスフォートに出店した「ポルトフィーノ」というビュッフェ形式の地中海料理店で，開店早々成功し，レストラン事業を離陸させることができた（インベストメントブリッジ編2005，財部2005，西山2008）。

　2000年1月には，三菱商事が資本参加（商事34%，後藤氏66%，その後，岡本氏2%）したことで，大きな後ろ盾を得，以降，同社のレストラン事業が急速に伸長することになった。同年2月，岡本氏はクリエイト・レストランツの専務取締役として出向し，足場を固めるとともに，同年6月にはオリエント・レストランツより洋食レストラン5店舗の営業譲渡を受け，店舗数を拡大しつつ，同年7月には御殿場プレミアムアウトレット内に「フードバザー御殿場」を出店し，フードコート事業をスタートさせた。さらに，2002年12月末までに55店舗，2004年4月までに100店舗，2005年4月までに200店舗という倍々で急成長を遂げ，同年9月にはマザーズへの上場を果たした。この間，岡本氏は三菱商事を退職し，2003年7月にクリエイト・レストランツ社長に着任することになった（インベストメントブリッジ編2005，財部2005，西山2008，安田2003）。

　クリエイト・レストランツは，2013年10月には東証第1部に上場したが，

図表2-4 クリエイト・レストランツの筆頭株主の推移

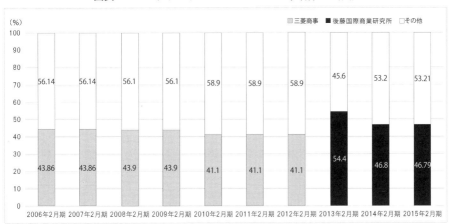

出所：M&Aオンライン編（2016）より

　上場の要件を満たすために、前年の2012年8月にTOB（株式公開買い付け）により筆頭株主の三菱商事の629万株を買い取り、そのうち150万株を残して自己株消却を行い、残した150万株と後藤氏と岡本氏の持ち株の一部を市場に放出し、浮動株比率を上げる施策を取った。こうして、三菱商事の新規事業としてスタートしたクリエイト・レストランツは、株式売却により商事の関連会社から完全に別会社となった（図表2-4）。三菱商事自体もクリエイト・レストランツの株式を永久に持ち続ける方針ではなく、クリエイト・レストランツも立ち上げ時には取引の信用確保において三菱商事ブランドが奏功したものの、その後の成長過程では仕入れやオペレーションに関して三菱商事にほとんど依存していない。むしろ、筆頭株主の三菱商事の持ち株をすべて買い取り、そのうち約75％を自己株消却したことにより、商事に支払っていた配当分を一般株主への配当に回すなど、経営の自立性も際立っている（松浦2013）。ただし、ここから分かるのは、三菱商事の新規事業から始まったクリエイト・レストランツというレストラン事業を行うための「事業経営能力」は、岡本氏とその周辺で生成・蓄積されることはあっても、三菱商事の中に蓄積されなかったこと

54 ———○

を示している。そして，外食事業に関して，三菱商事としては，表向き「事業経営」に乗り出してはいるが，本質的には「事業投資」という姿勢を崩していないことが分かる。外食事業では，なぜ，こうした傾向になるのかを「おわりに」で整理しつつ，まとめに代える。

5．おわりに

　本章では，大きく２つの事例を通じて総合商社の川下進出の歴史を概観してきたが，川下進出の目的には，まずもって，B to B（生産財）取引の販売先（販路）を確保することがある。ただし，日本KFCの事例から分かるように，鶏肉の販路たる外食チェーンが未発達である場合は，自ら，外食産業に乗り出すことになる。その際，外食チェーンをマネジメントする事業経営能力の生成が必須となる。総合商社が1960〜70年代にこぞってスーパー事業に参入し，ことごとく失敗に至った背景には，商社自体が事業経営能力を成功裏に生成できなかったことが大きい。それはB to B取引を得意としてきた商社には，B to C（消費財）取引を行う小売りの「経営システム（経営のやり方）」と，それを支える「オペレーションの能力」が十分備わっていないことが大きい。

　商社自体の事業経営能力の生成がうまくいかなかったのは，本章で考察したように外食産業でも同様であるが，その理由を探る上で，食品スーパーのサミットを成功に導いた荒井伸也氏の語りは，大変示唆に富む。荒井氏は，住友商事に入社後，食品スーパーのサミットに出向し，長年，同社をマネジメントしてきた異色の経歴を持つが，食品スーパーに出向してくる商社マンに，小売りビジネスの本質を理解させる難しさについて語っている部分は，商社と小売りの経営システムの違いを端的に語ってくれる。「そもそも商社と小売りは，企業文化が全く異なる。小売りは不特定多数の顧客に対し，契約もなしに，売り場の商品とサービスだけを頼りに商売をする。客の動向を科学的に把握し，売り場を論理的に設計できる半面，顧客との間にウェットな要素が介入する余地はない。それに対し商社は，個別の顧客と密接に結びつき，持ちつ持たれつ

で商売をする（荒井 2000, 117 頁）」。

　加えて，荒井氏は，総合商社と小売りそれぞれの経営システムにおいて四つの違いを指摘しており，そのなかに，商社自ら「事業運営」を行うのが容易ではない，具体的な在り様が見て取れる（荒井 2000）。

①事業展開に関するセオリーの有無（小売り，とりわけ，チェーンストアの経営には店舗展開のしっかりしたセオリーが必要である一方，商社は持ちつ持たれつの商売で，取り立ててセオリーは必要ない）。

②営業政策の違い（チェーンストアの経営は極めて科学的で論理的な一方，商社の営業は機転が勝負で，はるかに感覚的，情緒的である）。

③現場管理方針の違い（多数の従業員がおびただしい数の商品を陳列した店舗を多店舗管理するには，店舗のコンセプトと標準化が不可欠な一方，商社では「全社営業のコンセプト」や「営業のスタンダードレベル」を考えることはできない）。

④全社マネジメント・スタイルの違い（チェーンストアの経営はトップによる一元的管理が可能な一方，商社では商売を現場から積み上げていかざるをえない）。

　ここから分かるのは，小売りでは，（1）オペレーションのマニュアル化，システム化が必要であるということ。（2）店舗やチェーンごとのブランディングが必要であるということ。（3）店舗やチェーンごとに１つの独立した事業として商社本体より分社するのが好適であるということである。とりわけ，（1）から（3）に見られる事業経営能力は，総合商社の商権ビジネスの中では，あまり必要とされてこなかったものでもある。こうした経営システムの相違と，かかるシステムを支えるオペレーションの能力が根本的に異なるとすれば，商社が川下事業に乗り出すには，B to C 取引に適合した経営能力を形成する必要がある。そうした能力形成が覚束なければ，三井物産のように川下進出に消極的なスタンスを取らざるをえなくなるし，昨今の商社が表向き事業経営に乗り出しているように見えて，事業投資の範疇を超えないこともよく分かる。

　重要なのは，B to C 取引に適合した経営能力の形成が，荒井氏が指摘する

ように「経営システムの文化の違い」からくるものだとすれば，そうした能力は，一定の年月の中で生成されるものであり，現場のオペレーションに根ざしたものであり，事業の現場担当者や，そうした担当者の人的ネットワークに内在するものである。そのため，小売り現場で育成された人材を，経営システムの異なる商社に戻しても，そのまま機能するわけではないことを，日本KFCやクリエイト・レストランツのケースは教えてくれる。まさに「餅は餅屋」で，総合商社は，経営システムの異なる川下にあたる事業経営への支援をしたとしても，当該事業を商社の中に積極的に統合せず，クリエイト・レストランツのケースのように，当初は「伸ばすべき事業」として育成しながら，分社し，最終的には「販売先」へと帰着させるようなプロセス・マネジメントが求められていると思われる。

【注】

1）もっとも，平井氏は別稿で三菱商事による日本KFCへの関わりを記述しているが（平井 2015），本章は，そうした先行研究に依拠しながら，総合商社の事業経営能力の中身を考察しようとするものである。

2）R.J. レイノルズなどのタバコ・メーカーは，本業のタバコ・ビジネスが置かれた環境悪化に対応するために，M&Aを通じて飲料メーカーなど成長性のありそうな事業への多角化を試行的に進めていた（山口・宇田 2006）。

3）1985年にR.J. レイノルズがナビスコ・ブランズを買収し，社名をR.J.Rナビスコに変更した。

4）1970年の日本KFC設立から中村基孝氏，辻喜代治氏，富田昭平氏と3代続けて三菱商事からの出向者が社長を務めた。

【参考文献】

あしたのコミュニティーラボ編（2016）「小さくても「作品」をつくるカギは「共感」―株式会社スマイルズ 遠山正道さん（後編）」(https://www.ashita-lab.jp/special/6695/（2019.1.30））

朝日新聞経済部編（1985）『総合商社』朝日新聞社。

荒井伸也（2000）「商社の小売り進出，甘くないぞ」『日経ビジネス』1月31号，117頁。

アルフレッド・D. チャンドラー Jr.（安部・川辺・工藤・西牟田・日高・山口訳）（1993）『ス

第2章　外食産業における商社の役割の変遷についての一考察　○―――57

ケール・アンド・スコープ』有斐閣。

池田信太朗（2012）『個を動かす 新浪剛史 ローソン作り直しの10年』日経BP。

伊藤忠商事（株）調査部編（1997）『ゼミナール 日本の総合商社（第二版）』東洋経済新報社。

いんしょくハイパー編（2010a）「クロスα Vol.5 大河原毅が描いた日本の食文化の軌跡」（http://in-shoku.info/cross/vol5/（2019.1.30））

いんしょくハイパー編（2010b）「クロスα Vol.6 日本ケンタッキー・フライド・チキン一筋の，取締役執行役員が，40年間の歴史を振り返る」（http://in-shoku.info/cross/vol6/（2019.1.30））

いんしょくハイパー編（2011）「飲食の戦士たち 第200回 株式会社クリエイト・レストランツ・ホールディングス 代表取締役社長 岡本晴彦氏」（http://in-shoku.info/foodfighters/vol200.html（2019.1.30））

インベストメントブリッジ編（2005）「IPO新顔紹介（3387）クリエイト・レストランツ」（https://www.bridge-salon.jp/report_intro/details_3387.html（2019.1.30））

エドガー・H.シャイン（尾川監訳・松本訳）（2016）『企業文化［改訂版］』白桃書房。

M&Aオンライン編（2016）「【クリエイト・レストランツ・ホールディングス】「時間を買う」M&Aの積極活用で成長。次なる戦略は？」（https://maonline.jp/articles/createrestaurantsholdings0323（2019.1.30））

大河原毅（2005）「日本流でチキンファン拡大」（「外食産業を創った人びと」編集集委員会編『時代に先駆けた19人 外食産業の創った人びと』商業界 所収）

大河原毅（2016）「仕事人秘録 和魂洋才の八分目経営①～⑱」『日経産業新聞』3月15日～4月8日。

大森一宏・大島久幸・木山実編著（2011）『総合商社の歴史』関西学院大学出版会。

岡本晴彦（2002）「スピード＆チャレンジの精神で業態開発の大量生産に挑む」『日経レストラン』11月号，146～148頁。

岡本晴彦（2009）「特集 IT部門出身創業者の決断 クリエイトレストランツ 岡本晴彦社長」『日経コンピュータ』4月29日号，42～45頁。

岡本晴彦（2014）「飲食ビジネス価値創造④ 成長する飲食店を取り込み加速させる組織を目指す」『日経レストラン』9月号，3頁。

奥田耕士（2003）『いま，三菱商事がおもしろい』日刊工業新聞社。

小田勝己（2006）「第6章 外食産業の食材調達と商社」（島田克美・下渡敏治・小田勝己・清水みゆき『食と商社』日本経済評論社 所収），131～155頁。

栗田晴彦（2006）「特別INTERVIEW クリエイト・レストランツ 岡本晴彦社長」『激流』4

月号，108〜111頁。

小島清（1987）「チキンに賭けた敗者復活 大河原伸介社長」『日経ビジネス』4月27日号，72〜78頁。

渋谷智之（2004）「総合商社の流通ビジネス 総合力発揮のための課題」『生活起点』2月号，25〜31頁。

島田克美（1986）『産業の昭和社会史② 商社』日本経済評論社。

島田克美（2004）「総合商社の川下戦略」『生活起点』2月号，11〜24頁。

財部誠一（2005）「経営者の輪 株式会社クリエイト・レストランツ 岡本晴彦氏」（http://www.takarabe-hrj.co.jp/ring/season1/006/p1.html（2019.1.30））

田島義博（1962）『日本の流通革命』日本能率協会。

田中隆之（2012）『総合商社の研究 その源流，成立，展開』東洋経済新報社。

田中隆之（2017）『総合商社 その「強さ」と，日本企業の「次」を探る』祥伝社新書。

遠山正道（2006, 2011）『成功することを決めた 商社マンがスープで広げた共感ビジネス』新潮文庫。

戸田裕美子（2015）「流通革命論の再解釈」『Japan Marketing Journal』Vol.35 No.1，19〜33頁。

中村芳平（2015）「【新・外食ウォーズ】マルチブランド・マルチロケーション戦略から「グループ連邦経営」へ vol.9 クリエイト・レストランツ・ホールディングス 社長 岡本晴彦」（http://foodstadium.xsrv.jp/feature/003075/（2019.1.30））

西山明彦（2008）「成功の秘訣はアイデアと信用，そして諦めずに継続する力」『企業発ベンチャー magazine Vol.1』経済産業省関東経済産業局 地域経済部新規事業課。

日本KFCホールディングス㈱（2018）『Corporate Guide』

原勉・稲垣勉（1983）『フードサービス産業界』教育者。

平井岳哉（2002）「1970年代における総合商社のスーパーマーケット事業への進出」『千葉経済論叢』第27号，1〜29頁。

平井岳哉（2014）「三井物産におけるリテール分野への対応」『独協経済』第95号，77〜89頁。

平井岳哉（2015）「日本ケンタッキー・フライド・チキンの成長と三菱商事」『独協経済』第97号，65〜77頁。

平井岳哉（2017）「三井物産のブロイラービジネス—1960年代から1970年代を中心に」『独協経済』第100号，77〜91頁。

松浦大（2013）「異色外食，ビュッフェで攻める」『東洋経済オンライン』8月27日号（https://toyokeizai.net/articles/print/18293（2019.1.30））

第2章　外食産業における商社の役割の変遷についての一考察　○────59

三菱商事（株）編（1986）『三菱商事社史 下巻』三菱商事（株）

三菱商事（株）編，堀口健治・笹倉和幸監修（2011）『現代総合商社論 三菱商事・ビジネスの創造と革新』早稲田大学出版部。

三菱商事（株）編（2015）『BUSINESS PRODUCES 総合商社の，つぎへ』日経 BP。

茂木信太郎（1997）『日経文庫 現代の外食産業』日本経済新聞社。

保森章男（1992）「21 世紀への 100 人 大河原毅」『日経ビジネス』6 月 8 日号，78 〜 81 頁。

安田理（2003）「連載 第 2 回「肖像」食のシーンをリードする旗手たち」『月刊レジャー産業資料』96 〜 99 頁。

山口一臣・宇田理（2006）『米国シガレット産業の覇者』千倉書房。

山口廣太（1988）『ケンタッキーフライドチキンの奇跡』経林書房。

米田勝一（2005）「特集 好物件ほど注意せよ！」『日経レストラン』7 月号，43 〜 50 頁。

第3章

日本における中食産業の発展と産業構造の多層性

1. はじめに―成長を続ける中食市場―

　今日，われわれ消費者の日々の食生活は，食関連産業が提供する食品や食サービスによって成り立っている。食関連産業とは，従来，農水産業にはじまり，食品製造業，食品卸売業，食品小売業，外食業に代表される食サービス業に分類されてきた。この分類では，中食業は必ずしも明確に位置づけられてはいなかったのである。しかしながら，近年，食生活における中食の地位は益々，高まるばかりである。中食産業は，食関連産業のなかでどう位置づけられ，また，その構造はいかなる特徴と意味をもつのであろうか。

　今日に至る日本の食生活の基調的変化は，食の外部化の進展にある。食の外部化は，歴史を遡ると，家庭内で担当していた加工過程を外部化する加工食品の利用の広がりにはじまった。これを支えたのが大量生産を基盤とする食品製造業の生産力の発展である。戦後とりわけ 1970 年代以降になると，外食機会が一般大衆へ広範な広がりをみせていった。これに呼応するのがチェーン化と集中調理を基盤とする外食産業化，いわゆる飲食業から外食業への転換であったことは周知のとおりである。近年の動向でもっとも注目すべき食の外部化の形態は中食市場の拡大である。日本惣菜協会（2017）によれば，中食の市場規模は 2016 年に 9 兆 8 千億円を超え，いまや 10 兆円に近づこうとしている。か

つて飲食業から外食業へのイノベーションが生じたように，惣菜業も中食業へ
と転換しつつあると考えることができる。

　また，食料消費における外食，加工食品とその内数である調理済食品の支出
割合の推移を農林水産政策研究所（2014）は図表３－１のように予測している。
外食支出は1990年から2035年にかけて20％台を維持するものの1.9ポイント
の減となる。これに対し，加工食品支出は1990年の43.0％から2035年には
58.9％へと15.9ポイントの増である。なかでも調理済食品は1990年の8.3％か
ら2035年には18.9％へと２倍以上に増加する。つまり，1990年から2035年
にかけて伸長する加工食品支出のかなりの部分は調理済食品への支出の増加で
説明される。この推計にしたがえば，日本の食市場において調理済食品すなわ
ち中食市場が今後とも持続的に成長するということになる。

図表３－１　食料消費支出における外食・加工食品・調理済食品の構成比

支出費目	1990	2010	2035（予測）	変　化 （1990/2035）
外食	22.6%	21.7%	20.7%	△ 1.9
加工食品	43.0%	50.5%	58.9%	15.9
調理済商品	8.3%	12.2%	18.9%	9.7

出所：農林水産政策研究所（2014）より作成。

　中食市場の拡大という事態を受けて，中食ないし中食業を取り上げた研究が
近年，みられるようになっている。この分野の貴重な既存の論考として高橋
（2006），日本惣菜協会（2015），佐藤（2015），あるいは広義の外食研究の一環と
してファストフードを扱った茂木（2005）などがある[1]。とはいえ，食生活パ
ターンのなかで，中食がいかに位置づけが与えられるのか，また，それを支え
る産業の構造はどのようであり，いかに変容を遂げつつあるのか，という前述
の問いに対する学術的考察はいまだ不十分といわざるをえない。

　本章では，以上のような研究状況を踏まえて，まず，中食の概念について整
理した上で，最近にいたる中食産業の発展過程，そして現在の産業構造の特
性，企業行動の実態について既存資料を利用しながら考察を行う。もちろん，
上述のように中食に関する研究蓄積はきわめて不十分な水準にとどまっている

第3章　日本における中食産業の発展と産業構造の多層性　○────63

ことから，あくまで概論的・一次的な整理を行うにすぎない。ここで立ち入った考察ができない諸点については今後の中食研究の課題として提示することとしたい[2]。

2．中食の概念規定—商品と行為・行動の2つの視点から—

2−1　中食の商品視点からの概念規定

　中食の概念はどう捉えられるのだろうか。長年にわたり外食研究を精力的に行ってきた茂木（2005）は，中食をこう定義している。「コンビニエンスストア（CVS）や持ち帰り米飯店（ほっかほっか弁当やテイクアウト寿司）で調達される弁当，おにぎり，サンドイッチなどを指す。またはこれらを利用する消費者の行為をいう。」（同，p.75）と[3]。中食の概念が商品の視点と行為の視点から捉えられるとした点で，この整理はきわめて示唆に富むものである。まず，商品視点からみた中食概念からみてみよう。

　商品視点からの中食つまり中食食品とは，一般に指摘されるように，消費者が購入後そのままで食することのできる調理済食品のことである。つまり，食品（Food）全般のうち広義の加工食品の1つであり，なかでも料理（Meal）の段階まで最終調理加工がなされたものをいう。英語では，Prepared Food ProductsやReady-to-eat Food Productsという用語がこれに当たる。また料理と一口にいっても，献立の観点からは，主食と副食・おかずに区分できる。

　中食食品と類似する用語に惣菜・総菜[4]がある。中食食品が主食と副食などすべての調理済食品を指す用語であるのに対し，惣菜は，元来，家庭で調理される手作りの日常の副食・おかずを意味する用語として理解されてきた[5]。しかし最近では，惣菜という用語も，副食のみならず弁当などの主食も含むすべての調理済食品の意味で用いられることが少なくない。それゆえ，中食食品と惣菜・総菜は基本的には同義と考えてよい。

　日本惣菜協会（2017）による惣菜の定義は次のようである。「市販の弁当や惣菜など，家庭外で調理・加工された食品を家庭や職場・学校・屋外などに持ち

帰ってすぐに（調理加工することなく）食べられる，日持ちのしない調理済食品」
であり，他方で，「調理冷凍食品やレトルト食品など，比較的保存性の高い食
品は除いている」[6]。この定義に従えば，日配品を中心に消費期限が比較的短
いもの限られ，冷凍やレトルトパウチなどの1カ月を超える長期保存性のもの
については中食食品の対象から除外している。冷凍やレトルトについては加工
食品一般の範疇に入ると考えてのことである[7]。

　ただし，日本惣菜協会は2012年度より惣菜の範囲に袋物惣菜，つまり容器
包装後低温殺菌され，冷蔵にて1カ月程度の日持ちする調理済包装食品を加え
る変更を行った。それは，中食食品の製造・包装・物流技術の進歩に伴いチル
ドや包装済み商品の比重が高まる実態に即応してのことである。そして何より
も消費者が簡便性に加えて保存性を求めるニーズを強めつつあるとの理解がそ
の基底にあるといってよい。

　だからといって，伝統的な非保存性の中食食品へのニーズが弱まったわけで
はない。現在，食市場は成熟化と多様化の傾向を示し，消費者は簡便性や保存
性を求める一方で，伝統的製法により調理された「手作り」や「出来立て」を
求めていることに変わりはない。さらには，食品廃棄というフードロス問題な
ど倫理品質に関心を寄せる消費者も徐々に増えつつある。保存性を含む中食食
品の商品形態をめぐる問題は，今後，技術論，品質論，文化論という多面的な
観点からの考察が求められている。

2－2　食行動モードの視点からの概念規定

　以上みたように，商品視点からみた中食食品とは，一言でいえば調理済食品
のことであり，献立の観点からは主食と副食・おかずに区分される。さらに財
の経済的性格の観点からみると，日常の食事の一品として供される必需財で
あったり，特別な祝いの機会に提供される奢侈品ないし「必潤財」[8]的な財で
あったりする。しかし，経済的レベルの把握になると，すでに商品そのものの
使用価値規定を超えて，それを利用する消費者の食行動モードとの関連性を含
んでくることになる。それでは，広義の行為の視点からみた中食，すなわち中

第3章　日本における中食産業の発展と産業構造の多層性　○──── 65

食行動モードとは，いかに捉えられるのであろうか。

　図表3-2に示すように，第1に空間的観点である。この観点からは中食は，内食という場所としての家庭内での食事と外食という家庭外のレストランなどでの食事との中間に位置づけられる。とはいえ，実際には，中食行動の空間的な範囲は，外食店以外の，家庭内をはじめ家庭外の広範なあらゆる場所が対象となる。たとえば，購入した中食食品を家庭内に持ち帰り消費する以外に，職場や学校，パーティ会場，公園など家庭外の様々な場所で消費することはしばしば起こりうる。さらに，広義の外食に分類されることの多いテイクアウト（持ち帰り）やデリバリーで購入した中食食品も，それを利用する場所はほぼ無限といっていいほど多様なバリエーションがある。第2の時間的観点からは，中食は三度の食事の時間帯の利用を基本としながらも，それ以外のあらゆる時間帯に利用することができることはいうまでもない。

図表3-2　中食行動モードの特徴

観　点	内　食	中　食	外　食
空間	家庭内	あらゆる空間（室内，室外）	外食店舗
時間	通常，朝昼晩	あらゆる時間	多くは昼食時と夕食時
機会	一家団欒の食事	個食対応，パーティ，他	非日常（ハレ），日常（ケ）
行為	すべて内部	配膳・片付けは内部	すべてを外部化
生活様式	自立的	選択的	受動的

出所：筆者作成。

　これら空間と時間の観点と密接に関連する第3の観点が食事機会である。中食を日常の食事に供したり，パーティなどのハレの非日常の機会に活用したりするなど，様々な機会・場面が想定され，その選択は消費者の自由裁量に委ねられている。なお，惣菜と総菜には次のようなニュアンスの違いがある。用語の歴史的変遷を辿ると，かつて，そして現在も依然として，もっとも頻繁に用いられる表記である惣菜には，本来，家族が一緒に同じおかずを食するという「団欒」の意味が込められている。これに対し，近年，新聞などで用いられる

総菜の表記は、常用漢字から「惣」の文字が外れたことで多用されるにいたっているが、意味としては個食化をも包含する利便性に焦点を当てた用語と理解できる。

　第4に、食に関連する家事労働を含む狭義の行為の観点からはどうであろうか。内食では、みずから献立計画、食材購入から調理、配膳、食後の後片づけにいたる食事に関連する行為をすべて家事労働として内部で担当する。外食では、食べるという行為以外はほぼ全面的に外部サービスに依存する。中食は、内食でも外食でもなく、基本的には調理までの工程を外部に依存する食行動モードなのである[9]。

　このように中食とは、食事の空間、時間や機会、行為のいずれの観点からみても、内食と外食の中間に位置し、同時に両者と少なからず重複する部分を含む中間的な食行動モードといえる。それゆえ、より抽象的な生活様式の観点からみると、中食とは、行為の視点で述べたように、内食のように家事労働を基本に成立する自立的な食行動モードではない一方、外食のように全面的にサービスの受け手となる受動的な食行動モードでもない。いいかえると、空間・時間・機会の点で、消費者自身の選択の余地がきわめて広いモードであることから、中食行動モードは選択的生活様式（Alternative Way of Life）[10]の具体的な1つのモードとして理解することができる。

　要するに、中食という用語は、そもそも内食と外食という2つの食行動モードの中間を意味するものであることから、基本的には消費者の食行為・行動モードの視点から捉えるべき概念である。それゆえ、商品ないし使用価値視点での中食概念は、あくまでこの行動モードとしての理解を前提に派生的に規定されるものである。とはいえ、商品としての中食が具体的で特定性があるのに対し、行為としての中食には消費者の選択性が大きいこともあり、確定性に欠けるきらいがある。そもそも、中食食品の供給サイドが持ち帰り後の消費者の食行動モードに関与することは例外的でしかない[11]。それゆえ、中食産業を対象に分析をする際には、確定性をもつ商品の視点から考察を進めることが適切である。

3．中食産業の発展と業種・業態の多様性

3－1　中食産業化の歩みと現状

　現在の中食産業の構造と機能を考察するのに先立って，中食産業の歩みについて高橋（2006），茂木（2005），日本惣菜協会（2015 a）などを援用しながら概観しておきたい。

　中食産業の出発点ともいうべき伝統的惣菜店の歴史は江戸時代に遡る[12]。江戸時代には，団子や餅菓子などの振り売り商人や，煮物や寿司，麺類などの屋台が存在していた。大正期になると，カレーライスとともに，とんかつ，コロッケが「三大洋食」として流行し，大都市部を中心にモダンな洋食系の惣菜業者が増えていった。とはいえ，惣菜が広く一般大衆に普及していくのは戦後のことであり，惣菜業が本格的な産業化への途を歩みだすのは1970年代以降のことであった。

　個人営業が主体であった惣菜業が劇的に変化しはじめた1970年代を中食産業化の胎動期と呼ぶことができる。この時期，飲食業の産業化の旗手であったファミリーレストランが誕生するとともに，ケンタッキー・フライドチキンやマクドナルドといったファストフードのチェーン企業が創業し急成長をみせた。広義の外食産業の業態の1つであるファストフードは，通常，店内サービスを伴わないテイクアウト比率が過半を超えることから，その実体は中食産業にほかならない。1976年には持ち帰り弁当のほっかほっか亭が創業し，出来立てのご飯と惣菜を提供する日本独自の中食専門店として店舗網を拡大していった。

　1970年代には，生鮮食品を主力カテゴリーとするスーパーの店頭に揚げ物やポテトサラダなどの惣菜が品揃えされていった。同時期に，日本での店舗展開がはじまったコンビニエンスストアでは，日本独自のコンビニ業態の要となる即消費型の中食食品の開発と投入が進められていった（川辺 1994）。創業当初の中食食品の品揃えは限定的なものでしかなかった。たとえば，図表3－3からセブン－イレブンの商品分野別売上構成比をみると創業翌年の1975年時点

では加工食品49.8％，生鮮食品20.0％に対し，中食食品はわずか6.5％にすぎなかった。

図表3－3　セブンイレブンの商品分野別売上構成比

（単位％）

区分	加工食品	中食食品	生鮮食品	非食品
1975	49.8	6.5	20.0	23.7
1976	43.0	7.7	27.1	22.2
1977	45.7	7.5	26.3	20.5
1978	52.0	8.9	18.8	20.3
1979	49.8	10.6	18.6	21.0
1980	48.5	11.9	17.8	21.8
1981	46.5	14.9	16.5	22.1
1982	45.4	16.8	14.8	23.0
1983	44.7	17.3	14.3	23.7
1984	43.7	19.0	13.5	23.8
1985	42.5	19.8	13.6	24.1
1986	41.9	20.2	13.0	24.9
1987	41.5	20.8	12.3	25.4
1988	41.2	20.6	12.8	25.4
1989	40.5	20.6	13.7	25.2
1990	40.2	21.2	14.5	24.1
1991	40.4	21.3	14.7	23.6
1992	40.4	21.2	15.0	23.3

（注）1975，76年度は直営店のみであるが，77年度以降はフランチャイズ店および直営店の双方を含む。
出所：川辺（1994）より。原資料は『有価証券報告書要覧』各年度および社内資料による。

　1980年代に中食産業は本格的な成長期を迎えた。持ち帰り弁当や回転ずしのチェーンが多数，新規参入し，宅配サービスを提供するピザのチェーン業態も多店舗化していった。再び図表3－3をみると，セブン－イレブンのカテゴリー別売上高構成比は1982年に中食食品が16.8％となり，14.8％まで低下した生鮮食品のそれと逆転するにいたった。コンビニエンスストアにおいて中食食品が品揃えの重要な柱としての位置を獲得したのである。

　コンビニエンスストアにおける中食食品の品揃えの拡充を可能にしたのは，矢作（1994）が小売サプライチェーン分析で明示したように，次の2つの仕組みであった。セブン－イレブンでは，1つに1980年代初頭に物流を温帯別に統合し，80年代後半には米飯類の1日3回配送をスタートさせた。こうした

第3章　日本における中食産業の発展と産業構造の多層性　○────69

物流改善により，商品鮮度の維持と廃棄ロスの削減が可能になった。2つに製造業者との連携である。中食食品の製造を委託するための大手食品メーカーとの提携や既存の中堅中食事業者の専用ベンダー化により，高品質な中食食品の調達を実現していった[13]。

　1990年代初頭，バブル経済が崩壊しデフレ不況期に入ると，それまで順調に推移してきた外食市場の規模は頭打ち傾向に転じた。食市場の縮小基調の下で，唯一，中食市場は引き続き成長基調を維持していったのである。百貨店の地下食品売場に多数の中食業者がテナント出店し，集客力を高めた「デパ地下」ブームの活況は，まさに中食市場の隆盛を象徴する現象であった。百貨店の食品売場を支える中食業者のなかには，ロック・フィールドや柿安のように消費者の高い認知と支持を獲得し中食の差別化・ブランド化を実現する高付加価値型中食業者が登場していった。こうした消費者ニーズを基礎とする中食市場の堅調さを受けて，スーパーにおいても惣菜部門を競争優位の柱として位置づけ，より一層強化する動きが広がりをみせた。さらに2000年代に入ると，高齢者を主要顧客とする弁当などの宅配サービス業の立ち上げがはじまり，店舗販売に加えて無店舗のデリバリー業態の中食事業者が成長していったのである。

　このように，今日にいたる中食産業の発展過程は，消費者に新しい価値を提案する新規のビジネス・モデルを展開する革新的中食業者が中食市場に新規参入することで，きわめて多様な業種・業態の事業者が併存するかたちで進展してきたことがわかる。現在の中食の主要業態別の市場規模は図表3－4に示すとおりである。スーパー，コンビニエンスストア，中食専門店がそれぞれ大き

図表3－4　中食市場規模の業態別推移（2014年，2015年，2016年）

	2015年		2016年		
	市場規模	構成比	市場規模	構成比	前年比
専門店・他	28,762	30.0%	29,024	29.50%	100.90%
百貨店	3,712	3.9%	3,674	3.70%	99.0%
スーパー	33,694	35.2%	34,565	35.10%	102.9%
CVS	29,643	30.90%	31,133	31.60%	105.0%
合計	95,813	100.0%	98,399	100.00%	102.7%

出所：日本惣菜協会『2015年版惣菜白書』より，一部修正。

なシェアを占め，多様な業態が併存していることがわかる。

　ここで重要なのは，近代的なチェーン企業が躍進する一方で，従来型のビジネス・モデルを継承する伝統的な事業者が必ずしも淘汰されたわけではないという点である。『平成28年経済センサス』（通常は，『工業統計表』）に基づく図表3－5からは中食製造業者の事業所の多数性が確認される。この統計は製造小売などを含まないため，実際の事業所数ははるかに多いものと推定できる。こうして中食市場においては，大中小の様々な規模の多様な業種・業態のプレーヤーがそれぞれの差別性を基礎にターゲットとする顧客層の地域的需要をめぐる獲得競争を展開することで，きわめて競争的な構造になっている。立ち入った分析が必要ではあるが，伝統的中食業者が存続している要因は，中食市場全体の拡大に伴う市場スラック効果が作用している面があるとしても，その伝統的な事業モデルが消費者の支持を得ているからである，とみてよいであろう。

図表3－5　食品の品目別出荷額および産出事業所数

品目	金額（10億円）	算出事業所数
食品 合計	26,382	53,627
たばこ	2,081	5
まぐろ缶詰	28	11
マーガリン	96	23
ビール	1,143	120
チョコレート類	446	193
レトルト食品	220	308
冷凍調理食品	1,093	1,010
調理パン，サンドイッチ	267	485
すし，弁当，おにぎり	1,261	1,548
そう（惣）菜	990	1,904

出所：『平成28年経済センサス』より作成。

3－2　業種・業態からみた中食産業の多様性

　今日の中食産業が供給する中食食品の品目と種類は図表3－6のように整理できる。大まかには，主食としての弁当，おにぎりなどの米飯類，それ以外の主食にあたる調理パン，調理麺，さらに副食にあたるサラダなどの冷惣菜，揚げ物などの温惣菜，さらにはやや長期の保存性を備える袋物惣菜に分けられ

る。これらの献立の視点からの主食，副食の区分のほかにデザートに分類される商品もある。別の視点からの分類としては，和食，洋食，中華などの国籍別の料理区分もある。ただし，近年，食が国境を越えて急激に融合化・現地化するなかで，その区分はかなり曖昧になりつつある。

　従来は，限られた特定の品目を製造販売する専門的中食業者が主流であった。しかし近年，複数の品目を供給・品揃えする総合中食業者が成長してきた。品揃え品目を拡充するには，後述するように，内製方式だけでなく外部調達方式が採用されることが少なくない。

図表３－６　中食食品の品目や商品種類

品目	商品種類
米飯類	弁当，おにぎり，寿司，など
調理パン	サンドイッチ，惣菜パン，ホットドック，など
調理麺	調理済み焼きそば，うどん，そば，パスタ，など
冷総菜	サラダ類，和え物，酢の物，煮物，など
温総菜	鶏の唐揚げなどの揚げ物，蒸し物，焼き物，炒め物，など
袋物惣菜	肉じゃがポテトサラダなど，冷蔵で約１カ月，日持ちする包装食品

出所：日本惣菜協会『デリカアドバイザー養成研修テキスト』および『惣菜白書』を参考に，
　　　一部修正して作成。

　最近，注目すべきは中食食品の品揃えにおいて保存性のある商品を投入する動きである。依然として，従来型の非保存性の中食食品が主流であることに変わりはないものの，コンビニエンスストアなどを中心に，長期保存が可能なパウチ（包装）や冷蔵の中食食品の品揃えが強化されつつある。その理由は，１つに消費者が不要不急の備えとして簡便性と保存性の双方を備えた中食商品へのニーズを強めつつあるからであり，いま１つに小売サイドにとって廃棄ロスや物流費を削減する効果が大きいからである。

　製造・包装上の技術革新による中食食品の商品形態の変化は，一般的にいって，食品としての機能高度化ないし高付加価値化にほかならない。ただし，現段階において，パウチや冷蔵などの中食食品には次のような問題点や限界がある。第１に，現時点の加工技術水準では，冷凍やパウチの製造方法がすべての

調理済食品の製造に適合性をもつわけではない。第2に，新たな加工技術を適用することで，保存性に加えて，規模の経済の実現と商品の標準化・画一化が可能になる半面，それらの中食食品は加工食品一般との類似性を強めることになる。現在，食市場の成熟化に伴い，消費者は簡便性や保存性のみならず，「出来立て」，伝統的製法により調理された「手作り」の価値を求める傾向をみせる。以上のような二面的な消費者ニーズからすると，保存性と簡便性，画一性を備えた工業的中食食品と，従来の技術を継承する伝統的中食食品とは，競合・代替関係にあるというよりも，むしろ中食市場において棲み分ける補完関係にあると考えられる。

　中食事業者を捉える，いま1つの視点は業態である。業態の視点とは，田村 (2008) や齊藤 (2003) が小売業態論で展開したように，何を取り扱うかという商品の種類ではなく，いかなる経営・販売方法，サービスを含む小売ミックスを採用するのかに着目した分類である。具体的には，フロント・システムでは，①店舗の展開方法や立地の選択，店舗密度，にはじまり，②品揃えの限定性と総合性，③単価設定の違い，④接客・配達などのサービス，⑤販促計画，それらの出発点ともいうべき⑥ターゲット顧客層の違い，などが挙げられる。それでは，中食の小売場面において固有の重要な業態要素とは何であろうか。第1に商品提供における作り置きと注文後の最終調理という調理タイミングの設定方法，第2にセルフか対面かの選択，第3にこれとも関連する情報提供ないしコミュニケーションの方法，さらには第4に店頭販売と宅配方式の選択，である。

　企業としての大規模化・産業化の観点からは，小売業や外食業と同様に，単独店かチェーン店かの違いが大きく影響する。中食小売においても，チェーン方式を採用し多店舗化することで巨大な売上高を達成できるからである。ただし，中食小売事業においては，次のような固有の特性があることに留意しなければならない。中食食品の多くは消費期限が極端に短く，中食事業者が1つの生産販売拠点から供給しうる商圏は狭域でしかなく，それを超える加工場の規模拡大は規模の不経済を生み出すという点である。その商圏の狭域性は，大規

第3章　日本における中食産業の発展と産業構造の多層性　○───73

模化と効率化を追求するうえでの制約条件となる。他方，この点は，地域食材の利活用や伝統的調理や味付けなどの独自の商品仕様を採用することで，地域密着性を高めたり高付加価値化を目指したりする上では有利な条件ともなる。要するに，中食事業の狭域性は，中食製造小売の規模拡大を制約する反面，差別化による高付加価値化戦略を追求する戦略との整合性が高いことがいえる。標準化戦略を基本に全国的に多数のチェーン店舗を展開するコンビニエンスストアにおいても，中食部門では地域食品が導入され，標準化一辺倒ではない地域適合化戦略が重視されているゆえんでもある[14]。

　中食に関する業態研究は，現時点では端緒的なものでさえも存在しない。ビジネス・モデルの軽微な変更や部分的なフォーミュラの修正が観察されるたびに，これを新たな「業態」として称賛する実務的論評のコメントはよく聞かれる。だが重要なのは，日々生まれるビジネス・モデル上の試行錯誤のうち，いずれが中食イノベーションとして画期的な意義をもつのかを理論的に解明することにある。その際，上述のように，中食事業においては，効率化だけでなく高付加価値化を目指す業態革新が消費者の中食ニーズとウォンツへの適合化を通して成熟市場の深耕につながる可能性が高いことに着目する必要がある。中食業態研究はほぼ白紙の状態にあり，今後の研究課題である。次節の考察は，中食業態研究を前進させるための基礎的な実証分析として位置づけられる。

4．中食産業の多層的サプライチェーン

4−1　小売起点でみた調理工程のサプライチェーン配置

　中食産業が提供する品目がいかに多様であるかは，消費者の目線からも一目瞭然である。他方，店頭の背後にある中食産業の分業関係を含む垂直的構造の複雑性・多様性については，消費者にはもちろんのこと，研究者にとってもブラックボックスにとどまっている。小売店頭に陳列される中食食品の背後にある多層的なサプライチェーンの全体像を概念的に示すと図表3−7のとおりである。

図表3－7　中食食品サプライチェーンの概念図

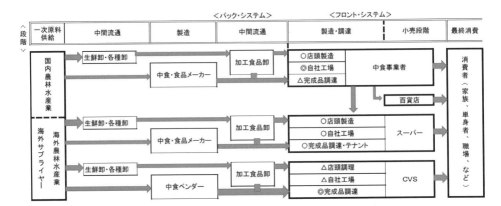

(注) 百貨店は中食食品販売のほとんどがテナント方式なので，自社製造については図では省略した。
出所：木立（2015）をベースに大幅に修正し，著者作成。

　ここでは，中食小売で中心的な役割を担っているチェーン業態のうち，まずは消費者が日常的にもっともよく利用するチャネルの1つであるスーパーのサプライチェーンの実態からみてみよう。
　スーパーの中食部門では，①インストア・バックヤードでの調理製造，いわゆる店内調理，②自社の専用工場・CKでの集中的な調理製造，つまり店舗からみる場合の調理の外部化，そして③完成品の購入，つまり完全な外部化，という3つのパターンがある[15]。これらのパターンは，1つの方式に集約されるものではなく，中食食品の商品特性に応じて使い分けられており，また川上のサプライヤーの製造技術やコールドチェーンといった物流技術の水準によっても変化する。一般的には，中食食品の品揃えが拡大するほど，アウトソーシングの比率は高まる。その理由は，自社内で多数の品目の製造技術を持つとは限らないこと，また多品種少量生産では規模の経済を実現できないことにある。こうしたスーパーの状況に対し，中食食品の品揃えの拡張よりも限定的品揃え戦略を採用する専門店では，製品の差別化を重視するため内製化比率が高くなる。
　富士経済が2017年に公表した資料は，中食関連事業者の品揃えとオペレーション，とくにアウトソーシングについて興味深い実態を明らかにしている。

第3章　日本における中食産業の発展と産業構造の多層性　○────75

　イオンリテールを例にみてみよう。図表3−8は，同社における中食食品の品目別にみた店内調理と外部調理の比率を示している。なお，ここでの外部調理には，自社内部のCK調理と完全なアウトソーシングであるベンダーからの購入が含まれている。つまり，店舗からみた外部化ということができる。

　同社の場合，温総菜は100％店内調理であり，弁当・米飯やスナック類では店内調理が60％と過半を占めるものの，外部調理も30から40％と一定の割合を占めている。また，調理パンや麺類，冷総菜では外部調理が80から95％に達し，店内調理は例外的である。もちろん，こうした店内調理と外部調理の使い分けは，企業別にかなり異なるものと考えられる。しかし，次の傾向はほぼ共通するものとして指摘できるであろう。それは，店頭での加熱を含む最終調理工程が必須であり，また「出来立て」感の訴求が有効なカテゴリーでは，消費者へ販売する直前の店頭での調理が行われるという点である。

図表3−8　イオンリテールの中食商品種類別店内調理・外部調理比率

(単位：%)

品目	店内調理	外部調理 (CK, ベンダー仕入れ)
弁当類	60	40
米飯類	65	35
麺類	10	90
調理パン	5	95
温総菜	100	-
冷総菜	20	80
スナック類	70	30

出所：富士経済（2017）『中食・物菜市場のメニュー×チャネル徹底調査2017』，pp. 29-34 を一部修正して作成。

　さらに同一のカテゴリー内であっても，メニュー・食材の違いにより，店内調理と外部調理が使い分けられていることが図表3−9からわかる。弁当カテゴリー内でも，ハンバーグ弁当は外部化されている一方，丼もの類では店内調理が採用されている。おにぎりのカテゴリー内では，梅干しなどの保存性の高

い具材のそれは外部化されている一方，イクラなど鮮度が決定的に重要な具材
を使用する場合には，製造過程をできるだけ延期化する店内調理方式が選択さ
れる。要するに，「出来立て」感の訴求，あるいは食材の鮮度維持による高品
質での差別化訴求が重要な商品では店内調理工程が必須となる。

　中食食品の内部・外部調理の選択は，品目別に加えて，スーパーという同じ
業態内であっても，個々の企業が採用するSTP戦略の違いにも強く規定され
る。一般に，低価格訴求重視では外部化が選択され，品質・差別化重視では内
製化が選択される傾向がある。こうしたなか，ヤオコーに代表される，中食部
門を重視しその売上高構成比が高いスーパーでは，出来立て感を訴求する店頭
でのレンジアップ商品の拡充を進めるとともに，あわせて自社センター・CKで
の集中調理体制による高生産性と効率化の追求という両面戦略を展開している。
近年，労働力の確保が益々難しくなるなかで，店舗レベルでの作業負荷を軽減
する必要からも，CK方式を採用することの有効性が高まりつつあるからである。

図表3−9　イオンリテールの中食食品の主要品揃え

品目	商品名	価格	容器	調理方法	受託企業
弁当	彩り野菜豆腐ハンバーグのっけ弁当	429	プラスチック	ベンダー仕入	シノブフーズ
弁当	出汁が決めての旨かつ重	537	プラスチック	店内調理	
米飯	源おにぎり 醤油いくら	194	フィルム	店内調理	
米飯	おにぎり	105	フィルム	ベンダー仕入	日本デリカフレッシュ，イオンフードサプライ
温総菜	トップバリュ焼きうまコロッケ 国産ホタテとバター	108	−	（バイキング）	店内調理
冷惣菜	20品目のサラダ	300	プラスチック	ベンダー仕入	ベジテック
パン	トップバリュ野菜ミックスサンド	280	フィルム	ベンダー仕入	サンデリカ

出所：大手調査会社資料を一部修正して作成。価格は税込み。

　現在，中食食品販売を主導する小売のリーダー的な業態はコンビニエンスス
トアである。1つに，フランチャイズを主体に数万店の全店舗を通じた中食食
品の総売上高がきわめて巨大な規模に達していることである。いま1つに，そ

第3章　日本における中食産業の発展と産業構造の多層性　○────77

の前提的要因でもあるが，中食食品の売上構成比が10％前後であるスーパー
に対し，コンビニエンスストアのそれは約25％から30％に達することである。
中食食品の商品力いかんは，コンビニエンスストア各社にとって自社の競争優
位を左右する決定的要因の1つとなっている。

　大手コンビニエンスストアにおける中食販売は，一部に唐揚げチキンやおで
んなどの店頭で加熱処理する品目があるものの，そのほとんどが外部で最終調
理された完成品を調達し販売する方式に依存している。基本的に中食食品の調
達はほぼ完全な外部化方式によっている。注目すべきは，大手コンビニエンス
ストアがその巨大な販売力を基盤に，中食製造業者との緊密な協働関係を構築
してきたことにある。具体的には，製造技術の共有や原料の共通化など，商品
開発から製造，物流まで含むサプライチェーンの仕組みづくりが進められてき
た[16]。とくに，中食サプライチェーン・ネットワーク構築の先駆者であるセ
ブン‐イレブンでは同社のみに商品供給を排他的に行う専用工場比率が9割を
超え，製品差別化を実現している。他社より高い平均日販を実現していること
の要因の1つとみてよい。

　以上のように，スーパーとコンビニエンスストアの2つの小売業態の中食部
門の事業戦略だけをみても，そこには大きな違いがある。スーパーでは，消費
者の幅広いニーズに対応できるよう多様な品揃え戦略を基本に，「出来立て」
の価値提供のための店頭調理，差別化と効率化のためのCK製造，そして効率
化のための完成品の外部調達を組み合わせた，複数の多元的なサプライチェー
ンの構築とその管理を進めている。これに対し，コンビニエンスストアでは，
調理製造の外部化を基本としサプライヤーとの連携方式により製品政策や物流
構築に関与しつつ，製品差別化と効率化を実現するサプライチェーン構築に取
り組んできた。

4－2　中食食品製造業者の対応

　中食食品製造を専門的に担う中食食品製造業者は，製品をみずから消費者に
小売販売する場合もあれば，もっぱら小売業者に対し卸売供給する場合もあ

る。企業別にそれぞれ多様な販売戦略を採用している現状を，日本惣菜協会
(2015)，矢野経済研究所（2017）の資料からみてみよう。

　図表3－10は，有力な中食食品製造業者各社の事業モデル，とくに販売戦
略を示している。第1の事業モデルは，プレナスやロック・フィールドのよう
に調理製造から消費者への小売販売まで自社単独で垂直統合する小売統合型で
ある。小売販売方式については，自社で路面店を展開する方式と百貨店などに
テナント出店する方式があり，加えて自社で多店舗化する場合にも直営方式と
フランチャイズ方式がある。第2の事業モデルは，わらべや日洋のように，自
ら小売販売を行わない製造卸売型である。製造卸売の場合であっても，納品先
がスーパーかコンビニエンスストアかにより求められる供給・物流機能のサー
ビス水準は大きく異なる。前者ではオープンな取引関係が一般的であるのに対
し，後者では特定の1社に排他的に商品供給を行う専用ベンダーとなるケース
が少なくない。この2つの中間に，柿安本店のように，自ら小売販売をしつつ
卸売供給を行う小売兼卸売型がある。

図表3－10　有力中食食品メーカーの事業モデルと主要な販路戦略

事業モデル	企業名	単独小売型	テナント型	スーパー型	CVS型
小売統合型	プレナス	○			
	ロック・フィールド		○		
小売兼卸売型	オリジン東秀	○		○	
	柿安本店	○	○	○	
製造卸売型	崎陽軒			○	
	若菜			○	
	トーカツフーズ				○
	わらべや日洋				○

出所：矢野経済研究所（2017）『2017年版 惣菜（中食）市場の実態と将来展望』から筆者作成。

　中食市場の拡大に歩調を合わせて，中食製造業者の事業規模は着実に拡大し
てきた。持ち帰り弁当チェーンを中心に事業規模を拡大してきたプレナスは
2016年度には1,410億円の売上高を達成した。またセブンイレブンとの連携を
基礎に有力コンビニ・ベンダーとして成長を続ける，わらべや日洋は2016年
度には2,143億円の売上高を実現している。

第3章　日本における中食産業の発展と産業構造の多層性　○───79

　もっとも，それぞれの分野のトップ企業であっても，総額約10兆円の中食市場に占めるシェアは決して大きなものではない。たしかに，前述したように，コンビニエンスストア最大手のセブン‐イレブン・ジャパン傘下の総店舗による中食売上高は1兆円を超えているものの，中食市場におけるそのマーケットシェアは約1割にとどまる。たしかにコンビニエンスストアは中食市場において売上規模で突出した地位を確保し，現在の中食市場を牽引するリーダーとしてのポジションを占めている。とはいえ，中食製造部門全体に目を向けると，そのほとんどが多数の中小規模の事業者によって支えられている競争的な産業構造にある。

　2000年以降，加速化しつつあるのはM&Aである。1つに，スーパーなどの小売側が中食食品の品揃えの強化と商品差別化を目指し，中食業者を子会社化する垂直統合が進められている。中食業者同士においても，自社がカバーしていない品目や事業分野の企業での水平的な統合，あるいはサプライチェーンの異なる段階を担う企業の垂直的な統合化が進行している。現時点できわめて競争的な中食産業の構造はM&Aによりどう変容するのかは，中食研究においても重要な研究課題の1つである。

4－3　加工食品メーカー・食品卸の関与の広がり

　中食サプライチェーンの構造変動の基調は，スーパーによるCK設置による内部化，あるいはコンビニエンスストアによる中食ベンダーの統合化という小売主導型の方向で展開している。とはいえ，その分業構造の変化は決して小売主導を中心とする単線的なものではない。中食サプライチェーンの各段階において中食食品の最終小売販売を支える様々なプレーヤーが介在するケースが着実に増えつつある。

　まず，従来，消費者向け加工食品を製造・販売してきた大手加工食品メーカーが業務用市場へ参入する動きを加速化している。大手冷凍食品メーカーであるニチレイフーズでは，業務用向け冷凍食品の製造・販売に注力し，すでに業務用向け販売額が消費者向けの販売額を上回るにいたっている。業務用分野

の1つである中食食品の継続的な新商品投入を行い，外食および中食事業者を支えるバック・システムとして不可欠の役割を果たすにいたっている。大手食品メーカーの味の素では，2004年に外食・中食事業者向けの業務用対応の部署を外食デリカ事業部として独立させ，外食・中食対応を強化している。今後，更なる拡大が見込まれる業務用市場とくに中食市場は食品加工メーカーの成長戦略にとって不可欠の事業領域として位置づけられている。

いま1つ注目すべきは，加工食品卸による中食市場への対応である。通常，加工食品メーカーが製造した業務用中食食品は，小売業者や中食業者に対して，加工食品卸を経由して供給され，品目によっては加熱などの処理を経て最終消費者へ販売される。つまり，このサプライチェーンにおける大手加工食品卸の基本的機能は中食食品の中間流通機能にあった。近年，これに加えて，メニュー提案，食材・食材キットへの処理加工と品揃えセットの供給を行い，一部には自らが中食食品の製造に進出するケースもみられる。日本アクセスでは，デリカ専門の組織を配置し，スーパー，コンビニエンスストアに対し，中食食品の企画提案，商品開発，原料調達の機能を担い，中食食品の総合プロデューサーとしての役割を果たしている。2014年度にはデリカ関連の販売が2,350億円に達し，2010年度の1,450億円と比較し900億円の売上増を実現した。同社オリジナルのキット商品では100種類以上の豊富なメニューを提供し，管理栄養士監修などにより製品差別化を追求している（惣菜協会2015 b）。

以上みたように，先進的な加工食品卸売業者は，小売業者の中食事業や製造小売を展開する中食事業者を多面的に支援するリテール・サポートないしソリューションを，サプライチェーン全体のコーディネーション機能を果たす方向で拡張している。とりわけ日本のスーパー業界で大多数を占める中小スーパーが中食部門を強化しようとするとき，加工食品卸からのサポートは有力な選択肢となっている。大手スーパーやコンビニエンスストアと異なり，中小スーパーでは，中食部門を強化したい一方，資金力やノウハウの不足に直面するケースは少なくないからである。また，加工食品卸のみならず，生鮮卸も，中食事業者からのカット野菜など生鮮食材への需要に対して，加工処理，品揃え

などの類似の供給対応を展開する動きを強化しつつある。

4−4　中食サプライチェーン管理の課題

　中食業者が競争優位を確立するためには，原料調達から供給・物流，小売販売にいたるサプライチェーンのシステムを構築し，日々の需要に適合化させるかたちでオペレーションを安定的かつ効率的に管理することが不可欠の課題となる。その理由は，1つに，繰り返し指摘しているように，中食食品の消費期限が，品目にもよるが，通常，数時間ないし1日と極端に短く，製造から販売までを短時間で完了しなければならないことにある。商品の鮮度・品質を保持しつつ販売機会ロス，価格ロスと廃棄ロスの最少化を実現するには，製造と最終販売の連動性やそのための短リードタイム物流，確実な食材調達など一連のプロセスに関わるサプライチェーン・マネジメント（Supply Chain Management）が決定的に重要になる。今後，中食産業への新規参入が相次ぎ，業種・業態間競争が激化し価格競争力が問われるようになると，サプライチェーン管理の高度化による生産性の向上は企業の収益確保にとって最優先の課題となる。

　2つに，サプライチェーンの水準は，消費者に提供する中食食品の価値とくに品質を規定する基礎的条件である。すでにみたように，中食食品の価値が簡便性を基本にしつつも，美味しさ，栄養，安全などの食の基本的価値の重要性は，高まりこそすれ低下することはない。3つに，21世紀に入り，フェアトレード，環境対応や資源・景観の保護，アニマル・ウエルフェアなどの倫理・社会品質への消費者の関心は明らかに高まっている。消費期限が短く出来立ての価値を提供する中食食品では，フードロスの削減も避けて通れない課題である。サプライチェーン全体の管理ないし関与なくして，高度化し成熟化する食へのニーズに対応していくことはできない。

　もっとも，小規模な製造小売事業者ほど，サプライチェーンの内部完結性と弾力性は高く，オペレーションも目が行き届く範囲で遂行される場合が多い。この点は，中小事業者が，大規模チェーンによる中食事業展開において生じる規模の不経済性を回避できる点で優位性を発揮しうる条件ということができる。

4－5　中食業者の食材調達戦略

　最後に，中食業者の食材調達戦略について簡単に触れておこう。食材調達の課題は，第1に一定の品質の食材を必要な数量，安定的に確保することにある。食材が消費者に提供する食のレベルを決定づけるもっとも重要な要素であるからである。とくに，いかなる調理技術をもってしても食材の品質をごまかすことができないことは，日本食のメニューについてより妥当する。第2に調達価格の適正化である。食材費が原価に占める割合が平均すると約5割と高いため，食材のコスト管理は企業の収益性に大きく影響する。中食業者が品質と数量，価格の面で安定的な食材調達を実現するために，生産者や供給者との契約的な取引を用いることが多いのはそのためである。

　農水産物を食材として調達する場合，地場産，国産，国外産のいずれを選択するのかは重要な戦略的意志決定事項である。かつては中食業者の多くが小規模零細企業であったため，地場産ないし国内産食材を利用することが一般的であった。しかし，企業の規模が大きくなるにしたがって，必要となる食材も大量となり，そもそも地場産のみでの確保は困難になる。国内の大規模供給主体への依存度が高まり，さらには海外から食材を調達する動きが広がってきた。とくに，国産食材に対する価格の低位性，大量性と安定性を理由に海外調達は拡大してきた。1990年代以降には，大規模中食業者が開発輸入など自社で食材調達の海外ネットワークを構築する動きがみられるようになった。そこでは，調達に際し，特定の規格・品質のスペックを指定する契約取引を採用し，トレーサビリティを確保することで，品質レベルの大幅な改善が図られていったのである[17]。

　とはいえ，日本の消費者の食に関する国産志向は依然，根強い。農水産物の鮮度や物流費のみならず，フード・マイレージや地域振興に対する消費者の関心が高まるなか，生産者とのフェース・ツー・フェースのコミュニケーション上の優位性もあり，地産地消型流通が再評価されつつある。さらに，近年，調達先国における物価や賃金の上昇により海外調達原料の価格メリットは徐々に失われつつある[18]。中長期的には，世界的には人口増と途上国での経済発展

により食料需要の量的増加と質的高度化が急速に進行している。その結果，食料をめぐる争奪戦の熾烈化は避けられず，日本の買い負けはより一層深刻化するであろう。中食事業者が商品・メニューの差別化を追求していくにあたって，各地域の農水産業の振興のサポートに繋がる双務的な連携関係を構築することの必要性は益々高まってきている。その現状分析の豊富化もこれからの課題である。

5．おわりに
─中食産業の多層的構造と消費者への食生活への貢献─

今日にいたる中食産業は，1970年代以降，様々なイノベーションを基盤に多様な業種や業態を生み出しながら発展を遂げてきた。その変化は，伝統的な惣菜業から近代的な中食業への転換，と表現することができるであろう。とはいえ，中食産業の発展過程は単線的な近代的中食事業者への集約というかたちをとるものではなかった点については十分な留意が必要である。

中食食品の最終小売段階では，業態の視点からはスーパー，コンビニエンスストア，百貨店など多様な中食小売業態が展開するとともに専門店も併存し，規模の視点からは大規模業者とともに多数の中小零細業者が併存している。中食産業の多様性と競争性が保全されている。また，中食産業の垂直的構造に目を向けると，スーパーなどの中食小売を担当する業者は内製と外部化を品目別にきめ細かく選択し，そこでは食品加工メーカーや加工食品卸売業者が中食サプライチェーンにおける不可欠のプレーヤーとして参画する領域が広がりつつある。その結果，きわめて複雑で多様な分業関係が構築されている。要するに，中食産業は，明確に区分できる単一の産業というよりも，むしろ多様な業種・業態からなる中食食品小売業者を川下の起点に，中食製造卸売業者，加工食品メーカー，食品卸売業者，物流業者などの多様なプレーヤーが参加する多層的なネットワーク構造により形成されている。中食産業の多様性と競争性，そして多層性は，中食業が全体として消費者の多様化する食ニーズに適格に対

応しながら食問題の解決（Meal Solution）機能を果たしていくうえで，不可欠の基盤をなしているのである。

　現代の食生活は，外部化と多様化を基調に変容を遂げつつある。消費者は食の選択性をかつてないほど獲得しつつある反面，高度化するその食生活水準を実現する上での制約条件も明らかに増えている。所得と価格の要因を基本に，生活面での拘束時間の拡大という時間的要因，食関連の家事労働における買い物出向のための自動車運転などを含む身体的能力，あるいは献立と調理スキルなどの技能的要因など広範な領域に及ぶ。しかし，今後，より一層，単身化と高齢化が進行する日本社会において，単身者や高齢者，子供にいたるすべての消費者が食の豊かさとそれによる健康の実現，つまり食における生活の質（Quality of Life）の確保を実現するうえで，中食産業が貢献すべき領域は小さくない[19]。さらには，食べ残しによる食料ロスの増加など倫理的な観点から解決すべき食問題も増えている。現代的な食が外部化を深める状況下において，中食は，消費者に対し多様な選択性を提供しながらが，消費者の食生活における位置を高めてきた。中食産業が消費者そして社会と連携しながら，食生活上の諸課題に適切に対応していくことが求められている。

【注】

1）外食に関する研究は，1995年の日本フードサービス学会の設立以降，年次大会の開催，年報や単行本などの刊行を通じて，研究成果が徐々に蓄積されつつある。それらのなかには，中食を取り扱ったものもあり，中食研究を進めるにあたって参考となる。このほかには，時子山・他（2013）のようにフードシステム学の立場から外食や中食の特徴を手際よく整理した研究もある。

2）本稿の後半は，木立（2015）を援用しつつ，大幅にリライトしたものである。

3）農林水産省は中食をこう定義している。「レストラン等へ出かけて食事をする外食と，家庭内で手作り料理を食べる『内食（ないしょく）』の中間にあって，市販の弁当やそう菜等，家庭外で調理・加工された食品を家庭や職場・学校・屋外等へ持って帰り，そのまま（調理加熱することなく）食事として食べられる状態に調理された日持ちのしない食品の総称」（http://www.maff.go.jp/j/wpaper/w_maff/h18_h/trend/1/terminology.html　アクセス日2017年12月1日）。前半では行為視点の特徴に触れ，後半では商品視点での定

第3章　日本における中食産業の発展と産業構造の多層性　○───── 85

義づけをしている。

4）「そうざい」の漢字表記には，惣菜と総菜がある。大修館・漢字文化資料館（http://kanjibunka.com/kanji-faq/old-faq/q0520/）によれば，元来，惣菜が広く用いられていたが，「惣」という漢字が当用漢字そして常用漢字に入らなかったため，新聞などでは「総菜」を用いることとなった。

5）惣菜・総菜とは，『日本国語大辞典』（小学館）によれば，「家庭で調理した日常のおかず。飯の菜。おかず。副食物。」とされる。

6）『デリカアドバイザー養成研修テキスト』（p.5）は，より詳細に区分している。それによれば，惣菜とは，「そのまま食事として食べられる状態に調理されて販売されるもので，家庭，職場，屋外などに持ち帰って，調理加熱されることなく食べられる，比較的消費期限の短い調理済食品」であると。その上で，これ以外にも「容器包装後低温殺菌処理され，冷蔵にて1か月程度の日持ちする調理済包装食品」は含まれるとする一方で，「調理済冷凍食品，レトルト食品『包装後加熱調理殺菌食品を含む』など比較的保存性の高い食品は含まれない」としている。

7）ただし，今後，フランスの冷凍食品スーパーのピカールが提供する調理済食品などが日本の食市場にかりに定着していくならば，中食市場において冷凍食品が一定の地位を占めることも想定される。今後の検討課題として興味深い論点である。

8）「必潤財」とは，経済学や商品学で明確に定義された概念ではなく，必需財や奢侈財とは異なり，現時点ではジャーナリスティックな用語にとどまっている。とはいえ，富裕層のみが利用する贅沢品ということでもなく，生活に潤いをもたらす中間層にとっても欠かせない財という意味で現代的な生活様式においては重要なキーワードということができる。

9）時子山・他（2013，p.143）では，内食と中食と外食をより明確に単純化し，3つの基準から分類している。①調理をする主体，②調理をする場所，③食べる場所，である。

10）選択的生活様式の概念は，成瀬龍夫（1988）により，支配的生活様式（Dominant Way of Life）の対概念として措定されたものである。

11）ファストフード店で，店内飲食か持ち帰りを訪ねるのは，その業種区分の曖昧さの一例である。

12）茂木（2005）によれば，外食の歴史は古く，その原型はファストフードにあるという。

13）矢作（1994）をはじめとする氏の一連の研究業績を参照のこと。

14）例えば，チェーンストアの限界については小松崎（2012）を参照のこと。

15）中食事業者における食材調達の外部化についてより細かくみると，食材の加工度のレベルによる差異がある。原体のままの生鮮食品，カットなどの処理がされた生鮮食品，味づ

けなどの最終処理までなされた加工食品があり，後者になるほど，最終的な調理食品に近い製品形態となる。また，生鮮形態から，チルドや冷凍などの温度帯別の形態の商品の違いも消費者に小売販売する中食事業者のビジネス・モデルには大きな違いをもたらす。

16）矢作（1994）を参照のこと。

17）ここでは，いまだ例外的であることから，触れることができなかった中食業者の海外進出と食材の海外調達の連動性についての検討も必要となっている。

18）木立（2015）を参照のこと。

19）日本惣菜協会（2017）による，消費者が中食食品を購入する際の選択基準についての調査では，第1に「おいしさ」，第2に「価格」，第3に「メニュー」の3つが重要な基準として挙げられている。今後，購入したいのは，「家庭では作りづらい」，「野菜が多く含まれている」，「添加物を使用していない」，「栄養バランスのとれた」，「国際の食材のみを使用した」ものであるという。

【主要参考・引用文献】

秋谷重男・吉田忠（1988）『食生活変貌のベクトル』農山漁村文化協会。

川辺信雄（1994）『セブンイレブンの経営史』有斐閣。

木立真直（2004）「食の成熟化と外食向け食材流通の動向」『流通情報』No.419。

木立真直（2011）「デフレと食関連産業－川下デフレ・川上インフレ下での食関連企業の対応課題－」日本フードサービス学会『2011年日本フードサービス学会年報』第16号。

木立真直（2015）「拡張する食品の品質概念と食関連企業の調達行動」佐久間英俊・木立真直編『流通・都市の理論と動態』中央大学出版部。

小松崎雅晴（2012）『なぜ，チェーンストアは成長をやめるのか？』同友館。

齋藤雅通（2003）「小売業における「製品」概念と小売業態論　－小売マーケティング論体系化への一試論－」『立命館経営学』第41巻第5号。

佐藤康一郎「フードサービスと中食」日本フードサービス学会編『現代フードサービス論』創成社。

茂野隆一・木立真直・小林弘明・廣政幸生『新版　食品流通』実教出版。

食料・農業政策研究センター編（1990）『1989年版食料白書　自由化時代の食生活』農山漁村文化協会。

高橋麻美（2006）『よくわかる中食業界』日本実業出版社。

玉村豊男（2010）『食卓は学校である』集英社。

田村正紀（2008）『業態の盛衰－現代流通の激流－』千倉書房。

時子山ひろみ・荏開津典正・中嶋康博（2013）『フードシステムの経済学』医歯薬出版。

第3章　日本における中食産業の発展と産業構造の多層性　○────87

日本惣菜協会編（2015a）『中食2025』。

日本惣菜協会編（2015b）『2015年版惣菜白書』。

日本惣菜協会編（2017）『2017年版惣菜白書』。

日本流通学会編（2006）『流通事典』白桃書房。

成瀬龍夫（1988）『生活様式の経済理論』御茶ノ水書房。

農林水産政策研究所（2014）資料「人口減少局面における食料消費の将来推計」。

富士経済（2017）『中食・惣菜市場のメニュー×チャネル徹底調査2017』。

堀田宗徳（2015）「中食産業と中食業者の原料調達の現状〜株式会社三晃と産地との取り組みを事例として〜」『野菜情報』2015年12月号。

御巫理花（1996）『働く主婦が食品マーケットを動かす』日本経済新聞社。

茂木信太郎（1997）『現代の外食産業』日本経済新聞社。

茂木信太郎（2005）『外食産業の時代』農林統計協会。

矢野経済研究所（2017）『2017年版　惣菜（中食）市場の実態と将来展望』。

矢作敏行（1994）『コンビニエンス・ストア・システムの革新性』日本経済新聞社。

Howard, Philip H., (2016), Concentration and Power in the Food System — Who Controls What We Eat?, Bloomsbury Academic.

第4章

Marks and Spencer 社における CSR 活動の史的変遷とヘルシー・イーティング戦略の諸問題

1．はじめに

　近年，日本では働く女性の増加や高齢単身世帯の増大に伴い，惣菜などを購入して自宅で食事をとる「中食」の市場が拡大している。1970年代までは商店街に立地する小規模な惣菜店がこの産業の主要な担い手であったが，1980年代から1990年代前半には，食品スーパーマーケットや総合小売業者，コンビニエンス・ストア，さらには外食チェーン各社も利益率の高い中食事業に参入し，より競争的で複雑な産業構造をなしている。さらに2000年代になると，新鮮な食材を使用してヘルシーさを訴求する新たな惣菜専門チェーンが出現し，これが市場を牽引するようになると，中食を提供する企業各社は単に利便性や味を訴求するだけでなく，食品の安全や健康の増進といった点を主要な競争戦略の軸とするようになった（戸田2015）。

　一方，英国では，消費者の中食に対する依存度は日本以上に高く，レディー・ミール（Ready Meal）と呼ばれる調理済食品（オーブンや電子レンジで温めて食する冷蔵加工食品）の市場規模は約47億ポンド（約6,815億円：1ポンド145円換算）に達している（Statista.com）。しかしながら，塩分や油分を多く含む調理済食品は英国民の肥満や高血圧，糖尿病などの生活習慣病の原因と指摘されており，国家の医療費負担の増大を背景に2000年以降，保健省（Department of

Health) が英国国民へ「健康な食習慣（ヘルシー・イーティング）」の重要性を訴えている。こうしたレディー・ミールのおよそ90パーセント弱は小売業者のプライベート・ブランド（Private Brand：以下 PB）であることから（Mintel report 2016），英国内では，高カロリーなレディー・ミールを提供している小売企業に国民の不健康な食習慣の原因や責任を求める動きがあり，Tesco，Asda，Sainsbury's，Morrison's といったスーパーマーケット各社は，近年，健康志向の調理済食品を提供するようになっているものの，その取り扱いはまだ極めて限定的であり根本的な問題解決に至っているとは言い難い。

　中食事業を展開する日英の小売業者は，いかに健康志向に対応した食品を提供するかという点で問題意識を共有していると言えるが，英国においては，ヘルシー・イーティングの問題への小売業の取り組みに対する要求が高い（Jones and Hiller 2006）という点で，日本の小売業者よりも大きなプレッシャーが与えられていると言える。その意味では，後述のように，この問題に対して早くから企業の社会的責任（Corporate Social Responsibility：以下 CSR）の一環として取り組んでいる英国 Marks and Spencer 社（以下 M&S）の企業実践は注目に値する。ヘルシー・イーティングに関わる諸問題は，日英の国民にとって深刻な社会問題であると同時に，中食を提供する小売業にとっては解決すべき重要なマーケティング問題なのである。

　日本における小売業研究者の間では，こうした食をめぐる小売企業の実践を正面から取り上げているとは言いがたく，ヘルシー・イーティングに対する英国の取り組みを分析することは，小売マーケティング研究における新たな問題領域を提示するという意味でも重要な研究課題である。この問題に対して積極的な取り組みを行なっているのが M&S であり，同社の CSR 活動は，それが先進的な試みであることは日本の学界でも認識されているものの，その実態を一次資料に基づいて分析した成果は皆無であり，この研究を進めることはマーケティング実践史の領域において学術的にも有意義であると思われる。本研究は，ヘルシー・イーティングを促進するための商品調達や商品開発，各種のマーケティング活動を M&S 社がいかに戦略的 CSR の枠組の中で実現して

いるかを明らかにし，その実践の課題を分析することを目的としている。

2．英国における CSR 政策

　CSR は日本に於いても実務界および学界で十分浸透している概念であるが，それはアメリカで議論された研究成果をもとにしていることが多い。しかし，CSR と一言に言っても，そのあり方は国ごとに異なるのが実情である。国ごとの CSR の違いは，その国の企業や政府の経済政策が歴史的に形成してきた制度の違いに起因するものであり，米国では個人主義や自由主義が強固で相対的に政府の権限が弱く，政府による経済活動への関与の度合いが少ないため，企業の裁量を尊重する経済政策が採られ，CSR においても企業の自由が重視されている。米国では社会的利益を実現するという責任感に基づいた企業活動として CSR が認識されており，それは様々なステークホルダーが企業に寄せる期待を反映する形で，戦略や計画の中に明示的に組み込まれる場合が多い（金子 2012, pp. 215-218）。Matten and Moon（2008）は，このような米国の CSR を「明示的 CSR（Explicit CSR）」と特徴づけている（p. 409）。

　他方，ヨーロッパでは集団主義や連帯主義の思想が強く，政党や労働組合，経済団体などの利益団体並びに，教会や国家への信頼に根ざした文化が根を張っており，政府の権限が比較的強く，政府の経済活動への関与の度合いが大きい（金子 2012, p. 216）。その結果，経済政策面では企業に義務を課すというアプローチが採られ，CSR は社会的利益を実現するための諸制度の中で企業が一定の価値を実現したり，規範に従って行動するものであると考えられており，企業に対する強制性を有した法的規制という形で現れる。企業は社会に貢献すべきという一般的な合意を動因として CSR を実践するという意味から，Matten and Moon（2008）はこれを「黙示的 CSR（Implicit CSR）」と定式化している（p. 409）。ヨーロッパの CSR 政策は，欧州理事会が EU の経済戦略として策定したリズボン戦略が契機になっており，環境問題や人権問題における社会的責任を果たすためのガイドラインに沿って，EU 政府が主導する形で推進さ

れてきた (経済産業省 2014, p. 7)。

　そしてヨーロッパの中でも，最も早くから政府が CSR 政策に取組んでいる
のが英国である。これは「英国病」に対処するために，1980 年代にサッチャー
政権下で行われた行政改革と国営企業の民営化にその端緒があり，社会におけ
る企業の役割が拡大すると，企業は単に利益を追求するのではなく「公益」の
担い手として社会的責任を負うものであるという認識が高まったことが背景に
ある。1997 年に発足したブレア政権は，特に意識的に CSR を主要な政策課題
として取り上げ，CSR を単なる自発的な慈善事業ととらえるのではなく将来
的に直接的・間接的に経済的利益に結びついた効果を伴う「営利活動」と理解
し，CSR を企業の成長戦略の一つと捉えていることが政府による積極的な
CSR 振興策の一因となっている (金子 2012, pp. 221-222)。経済運営において伝統
的に政府主導の傾向が強く，政府が企業に公式・非公式に介入するという点に
おいては，日本の制度はヨーロッパのそれに近く (Matten and Moon 2008, p.
417)，CSR についても，企業の自主性よりは法令順守や横並び意識が動因と
なっており，また環境問題のような特定課題に多くの関心が寄せられている点
もヨーロッパの CSR に近似しているという (金子 2012, p. 217)。その意味におい
て，日本企業の CSR の今後の発展を考察するには，ヨーロッパの実践を学ぶ
ことは非常に有意義であると思われ，その中でもヨーロッパにおける CSR 先
進国と言われている英国の CSR 政策の動向を理解することは極めて重要であ
ろう。

　英国の CSR 政策が本格化したのはブレア政権下であり，2001 年に通商産業
省 (Department of Trade and Industry: DTI) 内に CSR 担当部局を設置し，CSR (閣
外) 担当大臣を置いたことを契機にしている (労働政策研究・研修機構 2007, p. 79)。
これ以降，各省庁は独自の CSR 政策を実施するとともに，DTI の CSR 政策を
支援する体制を整えた (矢口 2007, p. 33)。英国の CSR 政策は強制力を有すハー
ド・パワーの側面と，支援を目的にしたソフト・パワーの側面の二つからな
る。前者のハード・パワーの一例としては，1999 年の改正年金法が挙げられ
る。これは年金基金の運用受託者に対して「投資銘柄の選定，維持，現金化に

あたって，社会，環境，倫理面の配慮を行なっているとすれば，その程度」の情報開示を義務付けることを趣旨としており（労働政策研究・研修機構 2007, pp. 74-75)，この法改正は直接的に CSR を義務付けるものではなく，年金の運用者に対して CSR への注意を喚起するものであったが（金子 2012, p. 224)，実際にこの改正後に社会的責任投資 (Social Responsibility Investment : SRI) を行う年金基金の数が大幅に増大した（労働政策研究・研修機構 2007, p. 75)。また 2006 年の改正会社法では，取締役に年次報告書の一種として取締役報告書 (Directors' Report) の策定・開示を義務付け，同報告書中に事業活動の説明や分析 (Business Review) を含めねばならないと規定し，上場企業については，①環境に関する情報，②従業員に関する情報，③社会およびコミュニティに関する情報，④サプライ・チェーンに関する情報を織り込むことが義務付けられた（金子 2012, p. 224)。そして後者のソフト・パワーについては，規制や命令よりも CSR についての理解を広げ，民間の取り組みを支援することが目的であり，企業の成功的な CSR のケーススタディを紹介することや，優良な CSR 企業への表彰，CSR についての企業間および企業・NGO 間のパートナーシップ形成を支援すること，イギリス国内および国際的な行動規準 (code of practice) についてのコンセンサス形成を支援すること，企業の報告書作成や製品の品質表示について有効なフレームワーク形成を支援すること（矢口 2007, p. 34) など，DTI が主体となって産業界における CSR の普及や浸透に重要な役割を果たした。

既述のように，英国は政府主導型で CSR が推進されてきたことが明らかであるが，Matten and Moon (2008) では，伝統的に黙示的 CSR の代表例であった英国やヨーロッパの企業も，グローバル化の進展とともに多国籍企業が国際的な環境基準や倫理規定[1]への遵守が求められるようになったことを背景にして，明示的 CSR を実践する企業が増加していることを指摘している (p. 415)。Matten らは，英国企業の中でも，コミュニティーや地域社会に対する重要な貢献を果たしてきた企業として M&S を挙げている。M&S は英国の中でも，その政府の方針に先んじるようにして CSR 戦略を積極的に推し進めて

94───○

きた歴史を有す CSR 企業である。次節では，英国を代表する CSR 企業である M&S の CSR 戦略の変遷を概説しよう。

3．M&S の CSR 戦略の史的変遷

3－1　企業理念としての CSR

　M&S は，ポーランドにおけるユダヤ人の迫害を逃れ移民として英国にやってきた Michael Marks が 1884 年に中央イングランドに位置する Leeds の地に創業した企業で，135 年の歴史を誇る老舗の小売企業である。創業当時はペニー・バザール（1 ペニーのワン・コイン・ショップ）のバラエティ・チェーンストアとして営業していたが，1920 年代に創業者の息子である Simon Marks が後を継いでからは自社ブランドの衣料品を中心としたプライベート・ブランド（以下，PB）商品の企画及び販売を行う業態に転換し，第二次世界大戦後は食品事業も開始して，特に 1970 年代以降は英国のレディー・ミール市場を牽引してきた。食料品，衣料品，日用雑貨及び家具，金融事業の 4 つの事業から構成されているが，2007 年以降は食品事業が売り上げの半数以上を占め主要事業となっている[2]。

　近年，この企業を英国内の小売業の中で際立たせている特徴は，極めて意欲的に地球環境問題や人権問題，食の安全の確保や，サプライヤーとの倫理的な取引の実現に関わる諸問題への取り組みを行っている CSR 先進企業である点にある。後述するように，2007 年に地球環境の持続可能性の実現を目的として Plan A というプロジェクトを立ち上げ，100 項目にわたり環境問題，人権問題，食の安全などの問題を掲げた上で，その解決に向けた具体的な行動指針と達成目標を示し，毎年，その成果を CSR レポートの中で報告している[3]。2007 年に Plan A を立ち上げて以来，現在までの間に CSR 活動を推進した企業に贈られる 200 以上もの栄誉ある賞で表彰されており，先進的な CSR 企業として英国内のみならず，ヨーロッパ諸国の間でも高い評価を受けている。

　M&S の CSR の歴史は古く，1930 年代にさかのぼることができる。二代目

第4章　Marks and Spencer 社における CSR 活動の史的変遷とヘルシー・イーティング戦略の諸問題 ○────95

社長の Simon Marks と共同経営者の Israel Sieff は，共にユダヤ系イギリス人
であり，青年期にはシオニズム運動を指導した Chaim Weizmann の思想に大
いなる影響を受け，「共同体」の概念や「企業の社会的責任」の考え方を非常
に重要視し，小売事業を通じて顧客や社会に貢献することを企業理念とした
（Rees 1969, Bevan 2001）。また 1930 年代当時には小売業では社員に対する福利厚
生が充実しているとは言い難い状況であったにもかかわらず，従業員の幸福や
満足が生産性の向上につながるという先進的な信念を持ち，1933 年に社員教
育を専門にする部署として福利厚生部（1934 年に人事部に改名）を設立した
（Rees 1969, p. 93）[4]。また，1930 年代に建築された新たな店舗には社員食堂が設
置され，そこでは低価格かつ快適な環境で食事をとることができ，また従業員
専用の医療サービスや歯科治療を受診可能な設備が店舗内に設置された。1960
年代以降には本社や全国の店舗に定期的に医師が訪れて健康診断を実施するな
ど予防医療のパイニアであり，1970 年代初頭には立ち仕事の店舗スタッフに
対して手足のマッサージ治療が店頭で受けられるようにした（Annual Report
1968, 1973, 1976, 1977, Rees 1969, pp. 91-93）。さらに 1936 年には企業年金制度が導入
され，従業員の定年退職後の生活の安心を支えた（Rees 1969, p. 94）。店員の誕
生日は掲示板で紹介され，社内のダンスパーティーやスポーツ大会などのレク
リエーションを通じて，従業員同士のコミュニケーションが図られ，極めて家
族的な雰囲気の中で社員の一体感が生み出された（Bevan 2001, pp. 33-34）。この
一連の福利厚生政策は，個人が企業の犠牲にならないようにという配慮と
（Rees 1969, p. 95），従業員の幸福や満足が生産性の向上につながるという Simon
の信念に基づいており，彼は小売業の成功のためには 3 つの人間的な要素，す
なわち顧客，サプライヤー，そして従業員たちすべてが M&S に関わることで
利益や満足が得られるべきであるという信念を企業理念の根幹に据えたので
あった[5]（Annual Report 1965, p. 4, 1966, p. 5, St. Michael News, vol. 14, No.1, 1967, Rees
1969, pp. 89-96）。

　M&S は 1960 年代中旬より，M&S は各店舗のスフタッフに対して，各地域
のコミュニティーで開催される活動に積極的に参加するように促し，企業の

CSR 活動の範囲を従業員の福利厚生にとどまらず，地域社会への貢献へと拡大していった。同社の PB であった St. Michael の衣料品を展示するファッションショーやミスコンテストなど，各種のチャリティー・イベントを企画運営した。こうしたイベントで調達した資金は，国や各地域で様々な活動を行う非営利組織に寄付された（Annual Report 1974, p.11）。こうした活動の成果が認められ，1974 年 4 月には，M&S は Management Centre Europe から最初の International Award for Social Responsibility を受賞し（Annual Report 1975, p. 12），小売業の中では先駆的に CSR 企業としての名声を高めた。

　また 1970 年代後期になると，失業問題が当時の英国における最大の社会・経済問題として取りざたされていたことに端を発し，M&S は失業中の若者たちに対して M&S で職業訓練を実施し，就職支援のサポートを行った（Annual Report 1977, p.12）。こうした就職支援活動は 1980 年代にも継続され，1981 年には各地域のコミュニティーや地元企業，公的機関と連携して 1,000 名の若者に職業訓練の機会を与え，彼らに社会復帰のモチベーションと機会を提供したり，また小規模な新しいビジネスの起業の支援も行った（Annual Report 1981, p. 7, 1982, p. 7）。ストア・マネジャーは店舗内だけでなく，その地元のコミュニティーの中でも積極的な役割が奨励され（Annual Report 1983, p. 9），地域の問題[6]は単に中央政府や地元政府によってのみ解決されるものではないという考えの下，営利企業が社会の中で担うべき責任として，M&S は精力的に社会的活動に従事した（Annual Report 1982, p. 7）[7]。M&S の良好な労使関係の実態や地元コミュニティーへの参画の実態を視察するために，英国のチャールズ皇太子やマーガレット・サッチャー首相が Brixton と Croydon の店舗を訪れたということは（St. Michael News, May, No. 3, 1983），当時の M&S の社会貢献活動が高く評価されていたという事実を象徴的に表しているものといえる。

　さらに 1990 年代になると，地球環境問題の深刻化に伴い，M&S の CSR 活動の範囲は自然環境へと拡大された。M&S の年次報告書のなかで，環境（environment）という表現が自然環境を意味するものとして初出するのは 1989 年であるが，そこでは 3 万 7,500 ポンドを環境団体に寄付したことが記述され

第4章 Marks and Spencer社におけるCSR活動の史的変遷とヘルシー・イーティング戦略の諸問題 ○───── 97

ているのみである（Annual Report 1989, p.29）。その後1991年には，資源の保全
やリサイクル，環境負荷の軽減，動物実験の禁止，食品添加物の制限といった
具体的な活動内容を明示して（Annual Report 1991, p. 31），自社のCSR活動の一
環として自然環境問題に取り組もうとする姿勢を表明し，1995年以降は前年
にガスや電気をどれだけ削減することができたか，または何％の包材や衣料用
のハンガーを再利用およびリサイクルできたか具体的な数値を示して報告して
いる（Annual Report 1995, p. 31, 1996, p. 35, 1997, pp. 30-31）。そしてその活動は自社
内や店舗内に限定されず，サプライヤーの活動にもおよび，1995年5月には
英国の小売業者としてはじめて，世界中のサプライヤーに対して繊維製品，特
に染色や絵付け，仕上げに使用する化学物質に共通の規約を導入したり，食品
輸送に使用する車両に省エネルギーな冷蔵庫を搭載し，またより排ガスを削減
するために輸送ルートを再検討するなどの具体的な活動を開始し，本格的な環
境対策を実施するようになった（Annual Report 1996, p. 35）。そして1996年に，
M&Sは営利企業の環境指標（the Business in the Environment Index）の創設メン
バーに加わり，同年に小売業者としてこの指標の最上位にランクされた（CSR
Review 2003, p. 2）。

　M&Sが年次報告書の中で企業の社会的責任（Corporate Social Responsibility）と
いう表現を明示的に使用するようになるのは1974年のことであるが，上述の
ように，その活動の起源を1930年代の従業員に対する福利厚生や労働環境の
保全に求めることができ，これが1960年代にはコミュニティーへの貢献とい
う形で拡大して1970年代から1980年代に定着し，1990年代にはその範囲を
自然環境の保全に拡張していった。このようにM&Sの企業理念の根幹には，
長い歴史の中で醸成されたCSRの思想が根付いているのであり，同社はCSR
先進企業として各種のCSR活動を牽引してきたパイオニア的存在なのである。

3-2　企業戦略としてのCSR

　こうして歴史的に醸成されたCSRを重視する企業理念を基盤としながら，
M&SのCSR活動に新たな局面があらわれたのは1990年代末のことである。

1990 年代初頭から急速に成長したファスト・ファッションの台頭により国内
の衣料品市場の競争状況が変化したことへの対応の遅れや，食品小売業におけ
るますますの低価格競争の進展，さらには国際事業戦略の失敗により，1999
年の年次総会で営業利益が半減したことを発表した[8]。このことを契機に，
M&S はそれ以前には企業の「責任」として行ってきた社会的活動を，企業価
値を高めるための戦略機会ととらえ，復興策の柱の一つに据えて CSR 企業と
して再出発することを試みたのである。すなわち，環境問題や社会問題に取り
組むことを通じて企業価値を上げる戦略的 CSR を企業戦略の中核とすること
により，競争企業から差別化を図り，独自の競争地位を確立することを志向し
たのであった。事実，1990 年代に，食品事業では低価格を訴求する食品スー
パーの競争圧力が高まり，衣料品分野ではファスト・ファッションの台頭に圧
倒されるようになった M&S であるが，持続可能な社会の実現に向けた様々な
環境・社会問題への先進的な取り組みによって，価格競争に巻き込まれること
を回避しながら CSR 企業として独特なポジショニングを確立している。これ
はまさに，Kotler and Kotler（2012）の提唱する 8 つの成長戦略のうちの一つ，
「社会的責任の卓越した評価で成長する」社会的責任の事業活動に当てはまる。
こうして 1990 年代末から始まった企業戦略としての M&S の CSR 戦略の展開
は，2007 年に地球環境の持続可能性の実現を目的として立ち上げられた Plan
A というプロジェクトを境にしてより本格的な展開を見せている。以下では
2000 年以降の企業戦略としての CSR の展開について，Plan A 以前と以後に区
分して詳述する。

3－2－1　Plan A 以前の CSR 戦略

　業績悪化以降，M&S は復興にむけて国際事業を清算し，また国内市場の回
復にむけたマーケティングを強化するなど，様々な変革を試みてきたが，その
うちの重要な要素の一つに調達拠点を英国から海外に移転することがあげられ
る。M&S は 1927 年の年次総会で同社の取り扱い商品の 90％をイギリス国内
の生産者から直接調達する「バイイング・ブリティッシュ原則（国内調達原則）」

第4章　Marks and Spencer 社における CSR 活動の史的変遷とヘルシー・イーティング戦略の諸問題 ○――― 99

を宣言して以来（Annual Report 1977, p. 12），国内のサプライヤーとの緊密な関係を構築することを通じて，1960 年代中旬には商品の国内生産率が 99％に達した（Annual Report 1964, p. 4）。これは第一次世界大戦によって海外から商品供給が絶たれた経験から，イギリス国内での商品調達を確保する目的で始められた戦略であるが（Rees 1969, pp. 106-107），単に M&S のマーチャンダイジング戦略に留まらず，同時にイギリス国内の産業振興と雇用創出にも貢献した（Annual Report 1969, p. 8）[9]。しかしながら，1980 年代から，徐々に競争企業が海外に調達拠点をアジア諸国に移転して費用面での優位性を発揮するようになっており，このバイイング・ブリティッシュ原則が M&S の成長の足枷であると認識されるようになった。そして 1980 年代から徐々に M&S も衣料品を中心にアジア諸国のサプライヤーから調達するようになったが（Annual Report 1983, p. 6），深刻な業績悪化と高まる価格圧力に直面し，M&S は 1999 年に完全にバイイング・ブリティッシュ原則を排して，海外調達比率を高める，グローバル・ソーシングへの転換を宣言した（Annual Report 1999, p. 6）[10]。

　M&S は全商品を PB で占める戦略を採ってきたために，店頭で販売される商品の品質の良し悪しは直接的に同社の評判に直結する。それゆえに，サプライヤーに対する品質管理は極めて厳しく[11]，生産方法や原材料は M&S が提示する仕様書に基づいて細部にわたって徹底的に指示され，また M&S の担当者がサプライヤーの工場を抜き打ちで視察するなどの管理体制も整っていた。このような方策は，国内のサプライヤーに対しては比較的管理が容易であるが，海外のサプライヤーへの徹底した管理は困難を伴う。また，工場における製造工程の管理や衛生基準，労働者の労働環境の整備なども国によって非常に異なる。そこで M&S は 1999 年にグローバル調達原則（Global Sourcing Principles）を発表し，M&S と取引をするあらゆるサプライヤーはこれに準じて商品を提供することを義務付けた。それによれば，M&S の仕様書に基づいて商品を生産するに留まらず，環境に配慮した工程で生産されることや，サプライヤー企業で労働搾取が起こらぬよう従業員に対して良好な労働環境を保全すること，フェアー・トレードに基づいた取引が行われることなどを規定している[12]。

もしサプライヤーがこの原則を違反した場合，取引停止を行うなどの制裁を加えることも示されている。さらに 2000 年には，The Ethical Trading Initiative（ETI）をはじめとする，倫理的な労働環境に基づいた取引や貿易，サプライ・チェーンの実現を目的とした営利企業からなる種々の協会に加わり，M&S 独自の基準のみならず，業界団体や国際的な倫理憲章に基づいた倫理規定の遵守をサプライヤーに求めるようになった。すなわち，2000 年以降の M&S の CSR 戦略は，自社のみならずサプライヤーの行動に対して積極的に M&S が介入して，持続可能で倫理的な取引の実現を目指すというものである。その思想は図表 4 - 1 で示され，M&S の CSR 戦略の領域は，同社が直接関与することができる「流通（Distribution）」や「販売（Selling）」の活動を超えて，「原材料（Raw materials）」および「生産（Production）」のプロセスにも及んでいる。さらに，顧客の「使用（Use）」に対しては，より理解しやすいラベルを商品に添付することや健康的な食料品の提供などを通じて，さらに「廃棄（Disposal）」に対しては，パッケージや商品の廃棄の削減，良好な影響を及ぼしていくことが概念化されている。

　2003 年に M&S は年次報告書の他に，同社の環境活動を報告する環境報告

図表 4 - 1　M&S の CSR 戦略が影響を及ぼす範囲

我々がサプライヤーと共に影響を与える領域	自社店舗や物流センターを通じて直接的に管理する領域	我々が顧客と共に影響を与える領域
原材料　→　製造	→　流通　→　販売	→　使用　→　廃棄
我々は以下の活動を通じて影響を与える。以下を含む品質管理システム： ・グローバル調達原則（23頁） ・持続可能な原材料、責任ある技術の使用、動物愛護、倫理的取引に関する行動基準や規範の遵守（11から26頁）	我々は以下の活動を通じて管理を行う。以下を含む店舗デザインやオペレーション： ・善良な市民としての行動（39頁） ・エネルギーや水の節約と廃棄物削減（32頁） ・プライバシーの尊重（34頁） 責任ある金融サービス（35頁） ・健康かつ安全なプロトコル（38頁）	我々は以下の活動を通じて影響を与える。以下を含む諸システム： ・見易いラベルや情報の提供（33頁） ・パッケージや製品から出る廃棄物の削減（31頁） ・栄養価が高く健康な食品の選択肢を提供（34頁）

出所：CSR Report 2004, p.7 より加筆の上，筆者作成

書（CSR Review 2013）を初めて発表し，取締役会のメンバーからなる CSR を専門に取り扱う委員会（CSR Committee）が組織された。その中で，CSR 戦略は①Product（高品質の製品とサービスの提供），② People（最良の労働環境の提供），③Place（我々のコミュニティーをより良い住環境および労働環境の場にする）の３つの柱から構成され（CSR Review 2013, CSR Report 2014），それぞれの分野で具体的にどのような活動を行うかが提示されている。2005 年からはその３つの柱に付随する活動が徐々に拡張されていき，Product については，持続可能な原材料の使用（８項目），責任ある科学技術の使用（５項目），倫理的な取引（３項目），動物愛護（２項目），責任ある金融サービス（１項目），健康的で栄養のある食品の選択（６項目），パッケージや商品から出る廃棄物の削減（３項目），理解しやすいラベル（１項目），そして People については多様性の維持と機会の提供（２項目），トレーニング（２項目），労使のコミュニケーションと相談（３項目），報酬（１項目），企業倫理（１項目），健康・安全・福祉（４項目），最後の Place については，コミュニティーへの貢献（４項目），買い物環境の向上（２項目），輸送手段の改善（３項目），エネルギー資源の削減（４項目）という，合計 55 項目に渡る具体的な活動目標を掲げ（CSR Report 2005），それに対して前年に何をどの程度実践したか，さらに翌年には新たにどのような活動を行うか，詳細に報告を行なっている（CSR Report 2005, 2006）。

　こうして 2000 年以降，原材料の使用から商品の廃棄に至る商品流通全体を網羅し，顧客，従業員，コミュニティーといったあらゆる当事者や環境を含む形で M&S は CSR 活動を拡大させ，非常に包括的な CSR 戦略を進展させていったのである。業績悪化からの復興戦略として，また差別化のための手段として CSR を戦略的に活用するという M&S の方針（CSR Review 2003, CSR Report 2004）は，ますます低価格を志向するようになったイギリス小売業の競争状況において独自のポジションを確立することに成功し，価格競争から回避するとこを可能にした。そして 2007 年には業績悪化を報告した前年の水準まで売上および営業利益を回復させた。この 2000 年から 2006 年までの間に徐々に実現された M&S の CSR 活動の質的および量的拡大は，2007 年から始まる Plan A

という CSR 戦略の礎を築いたのである。Plan A については項を改めて概説しよう。

３－２－２　Plan A 以後の CSR 戦略

　2007 年に地球環境の持続可能性の実現を目的として Plan A というプロジェクトを立ち上げた。2006 年までに掲げた活動目標を二倍に拡大し，（１）気候変動への取り組み，（２）廃棄物の削減，（３）持続可能な原材料の使用，（４）フェアパートナー，（５）健康増進，という５つの柱[13] に基づき，合計 100 項目にわたり倫理的かつ環境に優しい活動計画を示し，このプランの立ち上げにあたって，M&S は２億ポンド（460 億円：１ポンド 230 円換算）を投資した（How we do business 2007, p. 1）。

　気候変動への取り組みに関しては，CO_2 の削減可能なトラックの導入や店舗におけるエネルギー効率の向上に加え，サプライヤーにも CO_2 を削減できるような製造方法を指導し，サプライヤーをも巻き込んだ形で展開された。さらには，環境問題の専門家を組織したアドバイザリー・グループを組織して，二酸化炭素排出量の削減に貢献する建築資材や店舗建設の方法に関する助言を仰ぎ，環境にやさしい「グリーン・ストア」の概念を発展させていった（How we do business 2007, p. 3）。2012 年に，この「グリーン・ストア」構想が現実のものとなり，英国イングランドの Cheshire Oaks に最初のエコ・ストアを開店した。この店舗では，雨水を利用してトイレの洗浄水を確保し，また食品に使用する冷蔵庫から排出された熱を冷暖房に活用し，さらに店舗の外壁に太陽光パネルを設置するなど，環境に配慮した工夫が各所に施されている。さらに廃棄物の削減については，従来から推進していたパッケージの削減に加え，生分解性のプラスチックを使用した食品容器を使用したり，Forest Stewardship Council（FSC）が認証した包装用紙の使用することを決定した（How we do business 2007, p. 3）また，ビニール袋の使用を削減することを目的に，再利用可能なショッピング・バッグの使用を販売し，ビニール袋の使用が１年間で約 30％減少した（How we do business 2007, p. 3）[14]。持続可能な原材料の使用につ

いては，動物愛護に基づいた家畜の飼育，持続可能な漁獲，そして上述の
FSC が認証した木材や紙の使用，化学物質の使用を制限して自然由来の原料
を使用することなどが提案されている（How we do business 2007, p. 4）。そして
フェア・トレードに基づくパートナーシップに関しては，M&S で販売する衣
料品にフェア・トレードの綿を使用することや，リサイクルした素材を使用し
て製造すること，さらにはサプライヤーの生産地で生産方法に関する指導や職
業訓練を行うことなどが含まれている（How we do business 2007, p. 4, Plan A
report 2016, p. 6）。そして5つめの項目として，健康増進が提唱されている。
M&S は英国の小売業者の中で，はじめてトランス脂肪酸を食品に使用しない
方針を定めた小売業者であり（How we do business 2007, p. 4），また Food
Standards Association（FSA）の定めた塩分摂取量の目標値に沿う形で，レ
ディー・ミールやシリアル，サンドイッチ，パン類，ソース類の塩分を削減す
ることを試みた。さらに次節で詳述するように，カロリーを抑えた健康志向の
レディー・ミールを導入し，健康増進の取り組みを行うようになった。

　また，消費者にも CSR 戦略へ関与させる試みとして，2008 年に Oxfam と
いう世界的なチャリティ団体とパートナーシップを組み，Shwopping という
活動を開始し，不要な衣料品を回収して再販売またはリサイクルをして，貧困
に苦しむ人々への衣料品の提供を開始した（How we do business 2009, p.6）。開始
してから 10 年間の間に，2,000 万アイテムを回収し，Oxfam に 1,600 万ポンド
相当の貢献をした（M&S website, Shwopping）。さらに，2015 年には Sparks とい
うロイヤルティカードを導入し（Plan A report 2016, p. 6），カードを登録した顧
客は M&S がパートナーシップを組んでいる環境団体や非営利組織の一つを選
択すると，買い物をするたびに自動的に1ペンスを寄付することができるとい
うものである。顧客に対して M&S の購入の動機付けを行うコーズ・リレー
テッド・マーケティングの手法が採用されている。

　こうした Plan A を実施する際に必要となる経費については，商品の価格を
追加的に上げるような方法で消費者に負担させるということはしないという宣
言のもとで Plan A は開始された（How we do business 2007, p. 1）。そして実際の

ところ，Plan A の諸活動によるエネルギー効率の向上や廃棄物の削減，新た
な市場の創出によって生み出された追加的な純利益は 2010 年から 2015 年の間
に着実に増加し，5,000 万ポンドから 1 億 6,000 万ポンドへと三倍強ほどに拡
大し（Plan A Report 2010, 2015），これを原資にして，さらなる Plan A の諸活動
に再投資されている（Plan A report 2011, p. 1）。

　2007 年に 100 項目のコミットメントを掲げて立ち上げられた Plan A は当初
5 年間計画であったが，2008 年には新たに 17 のコミットメントが追加され，
さらに 2010 年には 180 項目に拡大された。そして，2015 年までに世界で最も
持続可能な小売業者としての地位を確立することが新たな目標となった（How
we do business 2010, p. 3）。さらに 2014 年には，既存のコミットメントのうち，
達成できたものについては削除し，達成できていないものについては部分的に
修正を加え，さらには新しいコミットメントを追加して，Plan A 2020 を立ち
あげられた。Plan A 2020 では，従前の 5 つの柱に変わり，（1）Inspiration：
あらゆる局面で顧客を刺激し，鼓舞する [15]，（2）Intouch：積極的に耳を傾け，
思慮深く行動する [16]，（3）Integrity：常に善行に努める [17]，（4）Innovation：
絶え間なく物事の改善につとめる [18]，という 4 つの柱に集約して新たに 100
のコミットメントが再構成された。図表 4 - 2 で示されているように，Plan
A 2020 で示された持続可能な価値創造モデルでは，M&S のビジネスの中核に
Plan A が据えられており，これに基づいて戦略的な意思決定がなされている
と概念化されている。

　さらに 2017 年には，Plan A 2020 を拡張したサステイナビリティ計画とし
て Plan A 2025 が策定され，現在に至っている。Plan A 2025 では，（1）健康
増進（nourishing our wellbeing），（2）生活やコミュニティの変革（transforming
lives and communities），（3）地球環境の保全（caring for the planet we all share）を
中核的な柱として新たに 100 のコミットメントが提示しており，こうした
CSR 戦略の実行により 2018 年までに 7 億 5,000 万ポンドの費用節約を実現し
ていることが示されている（Plan A 2025 Commitments）。以上のように，サプラ
イヤーとの協力的な関係性に基づき，資源を有効に活用し，効率性を高めるこ

第4章　Marks and Spencer 社における CSR 活動の史的変遷とヘルシー・イーティング戦略の諸問題 ○————— 105

図表4－2　M&S の持続可能な価値創造モデル

PLAN A 2020

我々の資源および関係性

財務
我々の財務的資源の有効な管理を通じて、ステークホルダーの報酬を増大させる。

製造
顧客需要に適合するようにチャネルやサプライチェーンのインフラを維持する。

情報
我々の知的財産を創造し、保護することを通じて我々のブランドを強化する。

我々の資源および関係性

自然
責任ある調達と、効率的な天然資源の使用。

社会&関係性
我々が活動するコミュニティの顧客やサプライヤーとの関係を構築し、育む。

人材
人材及びその知識を発展させる。

LISTEN & UNDERSTAND　STRATEGY & PLANNING　TRUSTED BRAND　STRONG RELATIONSHIPS　REACHING OUR CUSTOMERS　MARKET & SERVE

インスピレーション
顧客を発奮・興奮させる

インタッチ
徹底的に耳を傾け行動する

中核的目標
日常生活の増進

イノベーション
物事の改善を試みる

インテグリティ
懸命に正しい行動をとる

PLAN A

THE M&S DIFFERENCE

出所：Plan A report 2015, p. 2

とにより費用節約的な方法で商品の生産や店舗の運営を行い，また持続可能な商品を提供することによって新たな価値を生み出すというビジネスのやり方を通じて利益を生み出すと同時に，企業価値そのものを高めて行くという方法が，M&S の価値創造モデルなのである。まさに CSR の議論の中で問題となる，エコノミーとエコロジーの両立を実現するビジネス・モデルであると言えよう。

　図表4－3で示されているように，Plan A 以前の CSR 戦略では，本業である小売事業に加えて追加的に社会貢献活動を行うという形で展開されており，いわば CSR 活動は費用とみなされていたが，2007 年以降の CSR 戦略では Plan A をもとに小売事業全般を再構築し，新たな価値創造のための戦略という形で発展していることが特徴的である。CSR 戦略に沿って，衣料品や食料品の原材料や製造方法を見直し，サプライヤーにもその方針を徹底的に遵守さ

せるのである。M&Sの店舗で販売されている商品はすべてPBであり，品質管理のために伝統的にサプライヤーに対するコントロールが徹底していたということも作用して，サプライヤーの生産活動にもM&SのCSRを貫徹させることを可能にしている。「Plan AはM&SのDNAであり，また我々を国際的なマルチチャネル小売業者たらしめる計画にとって根源的なものである」(Press Release, 7 June, 2012, How we do business, 2012) と主張しているように，企業戦略の中核にCSRが据えられている。さらに，この戦略的指向性は，Porter and Kramer (2011) の提唱するCSRを超えたCSV (Creating Shared Value) の概念と軸を同じくしている。Porterらによれば，企業のCSRプログラムはその多くが企業の評判を高めることを中心に据えて実施されており，当該事業との関連明確でなく，長期的にそれらを行うことを正当化することが困難であるという。しかしながら，これとは対照的にCSVは，企業の特殊な資源や専門知識を活用し，社会的価値を創造しながら同時に経済的価値を創造するため，企業の収益性や競争地位の向上に結びつくものである (Porter and Kramer 2011, p. 16)。社会問題の解決と企業の経済活動をトレードオフの関係で捉えるのでは

図表4－3　M&SのCSRの展開

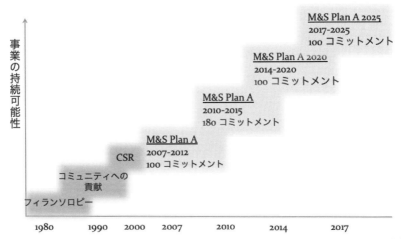

出所：How we do business report 2010 および Plan A report 2014, 2018 を元に筆者作成

なく，むしろ両立するものと考え，社会問題の中にビジネス機会を見出し，事業を再構築するというものが CSV の考え方なのである。M&S の 2000 年代以降の CSR を軸とした企業戦略の展開は，まさしく CSV の好例であるといえよう。

　ここまで，M&S の企業戦略としての CSR 戦略は，業績悪化後の新たな企業戦略として Plan A を中核に小売事業全体を再編成するという形で進行してきたことを概説してきた。M&S のヘルシー・イーティングは，この CSR 戦略の一部分をなしているものであり，その展開については，節を改めて議論することにしよう。

4．食品事業における CSR としての　ヘルシー・イーティング戦略の展開

4－1　英国におけるヘルシー・イーティングの促進をめぐる諸問題

　英国は日本と同じく国民皆保険制度を採用しており，政府は医療費の高騰を背景に 2000 年から保健省を中心にして国民にヘルシー・イーティングの促進を訴えているが，現在も変わらず国民の肥満や成人病の増加問題が深刻である。例えば，英国のスコットランドでは，スコットランド国民党が不健康な食生活の改善を公約に掲げていたにもかかわらず，2016 年の統計によれば，成人の 65％が太りすぎであり，そのうち 29％は肥満と分類され，この数字は 2008 年からほとんど変化していないことから，党首は公約の不履行の責任を追及されている。また 2015 年の統計では，子供の 13％が太りすぎであり，15％は肥満であることが報告されており，幼少期からの肥満はさらに健康リスクが高いことが非常に問題視されている（Scottish Daily Express, September 21, 2016）。こうした実態を反映してスコットランドは「ヨーロッパの病人」と揶揄されているが，このような問題状況はスコットランドに限られたことではなく，英国内のイングランドやウェールズにおいても類似しており，フィッシュ・アンド・チップスに代表されるような脂肪分や塩分の多い食事を避け

て，いかに健康的なものに改善できるかが，国を挙げた社会問題と認識されている。

この問題への取り組みとして，保健省のみならず，The British Nutrition Foundation や，FSA のような各種団体もヘルシー・イーティングの浸透に向けて活動を行っているが，こうした啓発活動が功を奏しているとは言い難い。先に述べたとおり，英国では，消費者の中食に対する依存度は日本以上に高く，レディー・ミールと呼ばれる冷蔵の調理済食品が浸透し，調理済食品のうち約半数は冷蔵調理済食品が占めており，ヨーロッパ諸国の中で英国のみが冷凍食品より冷蔵の調理済食品が売れているという特徴がある。元来，塩分や油分の多い調理済食品は英国民の肥満や高血圧，糖尿病などの生活習慣病の原因と指摘されている。

英国におけるヘルシー・イーティングの議論で興味深いところは，こうした調理済食品を食する消費者の食生活に問題の根源を求めるのではなく，調理済食品を販売する小売業者に責任の矛先が向けられている点である。こうした英国内の問題状況に対応すべく，低カロリー・低脂肪な調理済食品を提供し，この新興市場を牽引しているのが M&S なのである。

4－2　M&S におけるヘルシー・ミール・ビジネスの展開

1928 年に St. Michael という PB をつけた衣料品や雑貨品を販売するようになって以来，M&S の主要な事業は衣料品・日用雑貨の販売であったが，第二次世界大戦中に食堂やケータリング事業を展開した経験をへて，1960 年代から缶詰や乾物などの加工食料品の事業を本格的に開始した。1990 年代以降は，衣料品販売に食料品販売が拮抗するようになり，2000 年代末以降は食料品販売が売上の半数以上を占める，主要な事業になっている。そして業績悪化を経た 2000 年代以降，食品事業戦略の柱の一つがヘルシー・イーティングの促進であり，これが CSR 戦略の一領域をなしている。

食品のサプライヤーが英国国内からヨーロッパ諸国に拡大した 1999 年以降，既述のようにグローバル調達原則を確立して食料品の安全な調達のルールを設

定して取引を行っている。生鮮食料品については，フェア・トレードを採用し，倫理的な取引が実現するよう明確な取引ルールを敷いている。元来，M&S はサプライヤーへの品質管理に非常に厳格なルールを適用してきた。現在も世界各地のサプライヤーへ抜きうちの検査を行い，M&S が提示した取引ルール通りに衛生管理や品質管理がなされていない場合には，即刻取引を停止するという厳しい処置を採ってきた（Bevan 2001）。他方で，M&S と理念を共有し，こうした管理をきちんと徹底するサプライヤーとは非常に良好な関係を維持し，時には M&S は技術的なサポートや指導も行い，サプライヤーの生産性や品質管理の向上に寄与してきた。M&S はその取り扱い商品の 100％が PB 商品であるため，商品の品質管理に問題があった場合にはすべての責任を M&S が負うことになる。そのためのリスク・マネジメントとして，M&S は小売業でありながら極めて厳格な生産管理を徹底してきたのである。こうした経験やノウハウが，食の安全への取り組みにも生かされている。2001 年には M&S で販売される全てのフルーツや野菜の残留農薬をゼロにする目標が掲げられ（Annual Report 2002），その実現にむけて生鮮食料品を提供するすべてのサプライヤーにむけて指導が行われ，2015 年にはその集大成として M&S の農薬使用に関する方針（Pesticide Policy）が広く一般に公開された（Annual Report 2016）。また 2003 年には遺伝子組換え食品を扱わない方針を定め，残留農薬と同様に 2015 年にその方針が公表された（M&S website）。食の安全性に関する取り組みは，非常に徹底しており，これが高品質の食品としての独自のブランド・ポジションを確立することに貢献している。

　ヘルシー・イーティングに関する M&S の取り組みは 2007 年に Plan A を発表する前から始まっており，英国の保健省が推し進めている "1 of 5 a day" キャンペーン（一定量のフルーツや野菜，肉類や炭水化物を 1 日に最低でも 5 種類を食すことを提唱）に連動しながら，2000 年代初頭よりカット野菜やフルーツ，サラダボールなど，健康を増進する食品の販売に力を入れるようになった。また，不健康の象徴であった調理済食品，すなわちレディー・ミールについても，2000 年から「Count on Us」というラベルをつけた減塩および低カロリーのレ

ディー・ミールやスナック類を開発して販売を開始し（CSR review 2003, p. 2），2006年にはひまわりの花のデザインのなかに「eat well」と書かれたラベルを生鮮食品や，低カロリーのレディー・ミール，サンドイッチなどおよそ1,000品目（店内で販売される食品の約20％）の食品に貼付して，より健康増進に役立つ食品の見分けがつきやすいような工夫を施した（CSR report 2007, p. 14）。これと並行して，英国政府のガイドラインに基づきFSAが提唱したトラフィック・ライト・ラベルを導入した。これは，当該食品に含まれた脂肪，飽和脂肪，糖質，塩分の含有量を示す際に，高い場合には赤（食すことに問題ないが，頻繁にまたは多量に摂取することは勧めない），中程度では黄色（問題はないが，ヘルシーとまでは言えない），低い場合には緑（非常に低い含有量なので，ヘルシーな選択である）というように，信号の色表示ならって栄養価を表記する方法であり（The Food Standards Agency 2007），これに従ってM&Sでは2006年よりほぼすべてのレディー・ミールや加工食品にこの表記を導入し，また同時に総カロリー数を表示することによって，消費者が購入する際の指針として役立っている。

　また，M&Sはその店舗で販売する食品（ケーキやレディー・ミール，サンドイッチ，シリアルパン類などを含む）やソフトドリンクから人工着色料や添加物をすべて取り除き，2010年にはFSAが掲げる塩分削減目標の90％を達成し（How we do business 2010, p. 16），2018年には，M&Sが販売する食品の82％が2017年に英国保健省が示した塩分の基準を満たすようになった（Plan A report 2018）。Plan A 2025では，スナック菓子やアイスクリームなど，嗜好食品の1パックを250キロカロリー以下にするという目標が掲げられ，2018年時点では販売されている該当商品の75％でこれが達成されている（Plan A report 2018）。2010年には健康志向の消費者をターゲットにしたSimply Fuller Longerというブランドが立ち上げられ，これは英国スコットランドのアバディーン大学の栄養学の専門家とM&Sが共同で行った科学的研究を元に開発された調理済み加工食品である（How we do business 2010, p. 16）。このブランドは2014年にはBalanced for Youと名称が変更されたレディー・ミールの商品ラインで，豊富に含まれたプロテインが食欲をコントロールし，体重を減らす助けをするとい

第4章　Marks and Spencer 社における CSR 活動の史的変遷とヘルシー・イーティング戦略の諸問題 ○————111

う効果が謳われている。2017 年以降は，英国のベジタリアン協会や，FSA と共に消費者の健康意識調査を行ったり，Eat Well 食品の販売促進活動を共同で行うなど（Plan A report 2017），外部の組織と連携しながら健康な食生活の啓発活動を行なっている。Simply Fuller Longer（後に Balanced for You）と Count on Us は，イギリスによるダイエット食品の主導的な 2 大ブランドであると評され（How we do business 2011, p. 16），2015 年にはヘルシー・ミール市場で 4 千万食を売り上げて，44％の市場シェアを誇るまでに成長した（Annual report 2015, p. 26）。

　Tesco や Sainsbury's といったイギリス国内の食品を提供する主要な小売業者も，ヘルシー・ミールを提供するようになっているとはいえ，店内でその商品が占める割合は極めて限定的であり本格的な参入とは言い難い。その意味では，M&S は競争企業に先んじてヘルシー・ミール市場に参入し，先発者優位を発揮して市場をリードしていると言えるのである。

4－3　M&S における CSR としてのヘルシー・イーティング戦略の課題

　上述のように，ヘルシー・ミール市場で高いシェアを実現しているとはいえ，M&S の取り組みに対して幾つかの問題点も指摘することできる。第一に，Plan A を発表してから，CSR が M&S の中核的な戦略になっているものの，株主や顧客へ成果をアピールしやすい環境志向のエコ・ストアの開発のような大型のプロジェクトに資源配分が偏重しており，Plan A の中では比較的長期的な取り組みが必要になるヘルシー・イーティングの促進活動が主要な位置を占めているとは言い難い点が指摘できる。

　そして第二に，M&S の主要な顧客層がアッパーミドルであることから，英国で最も健康問題が深刻で調理済食品への依存が高い低所得者層に対する対応はできていないという点が指摘されよう。いち企業が英国国民すべての意識改革を実現するというのは不可能であるが，CSR としてのヘルシー・イーティングの取り組みとしては不十分であり，どのようにして幅広い消費者層に対して健康的な食生活への啓発活動を行うことができるか，検討の余地が残されて

いる。

　第三の問題点としては，とりわけM&SがPlan Aを開始して以降，ヘルシー・イーティングに関する取り組みが減速していることを指摘できる。図表4－4は，M&Sが2007年にPlan Aを立ち上げて以来，提示してきた数百に及ぶコミットメントの中で，食関連やヘルシー・イーティングに関わる項目を抽出したものである。特に注目したいコミットメントは黄色で色付けされているEat Wellであり，これは健康増進に貢献する栄養バランスの良い食品の比率を30％から50％に拡大するというコミットメントであったが，2010年にヘルシー・ミールがM&Sの食品ラインの38％を占めるようになると（How we do business 2010, p. 16），同年にそのターゲットを50％から30％に戻し，このコミットメントが達成されたと報告している（Plan A report 2010）。そして2014年には，この数値目標が達成されたとして，コミットメントのなかからEat Wellが削除された。2015年には再びコミットメントのなかにEat Wellが含まれるようになったが，そこでは健康的な食品にEat Wellラベルを商品に貼付するという内容に留められた。M&Sはそれ以来，健康的な食生活の推進を目的として，テレビ広告や店頭広告によるヘルシー・ミールの販売促進に力を入れるよう方針を転換しているが，テレビCMのようなマス広告の手段をして一方的に顧客へヘルシー・ミールの必要性を訴えるだけで健康的な食生活が増進されるとは考えにくい。また，新たなヘルシー・ミール商品の開発に積極的な姿勢を見せているわけでもなく，こうした傾向から，Fuller LongerやCount on Usが導入された2000年代初頭に活発だったヘルシー・イーティングの促進への取り組みが2010年代に入ってからは急速に消極的なものに変わっていることが読み取れる。ただし，再び2017年のPlan A reportでは，食品におけるヘルシー・ミールの割合に関する表記が復活し，そこでは41％と報告され（Plan A report 2017, p. 11），同年6月に新たに提唱されたPlan A 2025では，2022年までに世界中で販売されるM&Sの食品の50％をヘルシー・ミールにするという目標が再び掲げられているため，今後，再びヘルシー・ミールの比率が高まることが期待される（Plan A 2025 Commitments, p. 8）。

図表4-4　Plan Aにおけるヘルシー・イーティング関連のコミットメントとその結果

	Plan A						Plan A 2020				Plan A 2025
	2008	2009	2010	2011	2012	2013	2014	2015	2016	2017	2018
イートウェル（Eat Well）の推奨	進行中（目標50%）	達成（目標30%）	達成（目標30%）	達成（目標30%）	達成（目標30%）	達成（目標30%）	進行中（Eat well ラベル貼付）	達成（Eat well ラベル貼付）	達成（Eat well ラベル貼付）	達成（Eat well ラベル貼付）	進行中（目標50%）
ラベル（トラフィックライト）	進行中	進行中	達成	達成	達成	達成					
子供向け菓子から砂糖を削減	開始前	進行中	進行中	進行中	達成	達成					
天然素材の食品添加物の使用	達成	達成	達成	達成	達成	達成					
塩分の削減	進行中	進行中	達成	達成	達成	達成					
オメガ3が豊富な天然鮭の使用	進行中	進行中	達成	達成	達成	達成					
自然食品の拡充	進行中	進行中	達成	達成	達成	達成					
栄養価の高い食品の提供	進行中	進行中	達成	達成	達成	達成					
ヘルシー・イーティング・アドバイザーの導入	進行中	達成	達成	達成	達成	達成					
健康的な食生活を推奨するキャンペーンの実施：M&S単独でのキャンペーン	開始前	開始前	達成	達成	達成	達成					
健康的な食生活を推奨するキャンペーンの実施：他の団体や組織との共同でのキャンペーン				進行中	進行中	達成	進行中	進行中	進行中	進行中	
ダイエットや健康に関する情報の提供		進行中	達成	進行中	進行中	進行中	進行中	達成	達成		
健康的なライフスタイルに関する情報提供	進行中	進行中	達成	進行中	進行中	進行中	進行中				
飽和脂肪酸の削減				進行中	進行中	達成	進行中	達成	達成	達成	
M&Sの食品の栄養情報の提供				進行中	進行中	進行中	進行中	達成	達成		
カロリー表示を含む栄養価の表示				進行中	進行中	進行中	進行中	達成	達成	達成	
一袋250カロリー以下スナック菓子やアイスクリームの提供					進行中	達成	進行中	進行中	進行中	進行中	
M&Sの食品のカロリー、油分、糖分を20%減少						進行中	進行中	達成	達成	進行中	
ベジタリアン向けの食品を増加させる										進行中	進行中
ヘルシーフードのブランドやラベルを集約して消費者が手に取りやすくなるようにする											遅滞

出所：Plan A report 2008 から 2018 をもとに筆者作成

既に発売されている Balanced for You や Count on Us のようなヘルシー・ミールがさらに幅広い食品に拡張されることに加え，これに続く新たなブランドが開発され，多く市場に回ることによって，M&S の顧客に対してヘルシー・ミールを選択する機会を増やすということは健康的な食生活を増進するために重要なことであると思われる。2000 年代以降，M&S はサプライヤーを国外に有すグローバル・ソーシングを行っており，衣料品についてはその調達の大半をアジア諸国に依存している一方で，図表４-５で示しているように，食品についてはそのサプライヤーの約 50％強が英国を拠点にしており，レディー・ミールのサプライヤーは殆どが英国企業であることから，健康的な食の増進という問題意識を共有し，より密な連携を取りながら商品の共同開発を行うことが可能であると考えられる。2016 年には米国サンフランシスコや日本で調査研究を行い，今後新たにヘルシー・ミールの開発を実施することが報じられているが（Annual report 2017, pp. 16, 23），その進展がヘルシー・イーティングの実現には必要であると思われる。

　最後に，第４の問題として指摘できることは，ヘルシー・イーティングという新たな食生活のアイディアを提案する方法に関わる問題である。CSR としてのヘルシー・イーティングの推奨を掲げるのであれば，ヘルシー・ミールの拡大ということ以上に，ヘルシー・イーティングという概念それ自体をいかに市場に浸透させるかを検討する必要があるだろう。野菜や果物といったヘルシーな生鮮食料品に加えて，健康を増進するレディー・ミールの販売を促す場合，ヘルシーな食生活という価値そのものを提案して，消費者の生活スタイル自体に変革を起こすアイディアのマーケティングが必要になる。英国におけるヘルシー・イーティングの問題は長年の食文化に基づいた根深い問題である。健康に良い食生活が必要であることは公教育における食育などを通じて一般の消費者に理解されているものの，易きに流れてしまうというのが人間の行動の常であり，手間がかかる自宅での調理を避けて，容易に手にはいるファスト・フードを手にしてしまう英国の消費者行動をいかに変革できるかというのは非常に難しい問題である。

M&S が 1970 年代にレディー・ミールを市場に導入して以降，とりわけ 1980 年代には M&S はレディー・ミールという新たな製品イノベーションを起こしたことにより，働く女性や家事労働を軽減したい専業主婦たちに絶大な支持がされて巨大な新市場を作り出した。これは，既存の顧客ニーズに駆動される形で市場ニーズに適応する「market driven」戦略ではなく，イノベーションによって新規の顧客ニーズや市場を作り出す，いわば市場を駆動させるような「market driving」戦略である (Jaworski, Kohli and Sahay 2000, Kumar, Scheer and Kotler 2000, Schindebutte, Morris and Kocak 2008)。1980 年代に，その利便性から急速に市場に浸透し，M&S はレディーミール市場を牽引し，食品産業において新たな市場を創造した。M&S はレディー・ミール市場で起こしたような市場創造をヘルシー・ミール市場でも実現することを目指し，2000 年代以降 CSR を軸にした改革を行なってきたが，未だヘルシー・ミール市場はニッチ市場にとどまっているのが実際のところである。市場をいかに駆動させることができるか，これが M&S のヘルシー・ミール事業における最大の問題であると思われる。M&S がこの事業で力を入れてきたヘルシーなレディー・ミールは，健康増進のために内食（食材を購入して調理する）を推奨するのとは異なり，調理の必要のない中食であるため，消費者にとっては容易に手にとって食することのできる食品であり，健康な食生活に関心の薄い消費者にとってもハードルが低く，彼らを取り込むことも可能であると思われる。しかしながら，「健康」というトピックは，健康志向ではない消費者にとっては受け入れるための心理的ハードルが高いものであり，健康に良い食生活をすべき，というような義務的なアプローチでは消費者に訴求することは難しいだろう。一般的なレディー・ミールの棚の商品を手に取ってしまう消費者を，いかにヘルシー・ミールの商品に誘導することができるか，とりわけ食品に関しては，味覚との関連が消費者行動に大きな影響を及ぼしているため，「ヘルシー・ミールは薄味で美味しくない」といった先入観を取り除くことができるような商品の改良が重要であり，「美味しさ」という食品の第一の購買要因で訴求することができれば，ヘルシー・ミールへの購買動機を提供することができると考え

116 ─────○

られる。また，これに並行して，消費者が意識を改革したくなるような，market driving な働きかけが求められる。健康的な食生活は体に良い，という教育的なメッセージよりも，ヘルシー・ミールを食べるというライフスタイルが消費者の憧れやファッション性に訴求するような形で，そのようなライフスタイルを採用したくなるような動機付けをいかに行うことができるかが問われており，このようなアプローチでいかに市場を driving することができるかが最大の課題であろう。

図表4－5　M&S の国際調達拠点と工場数

国名	工場数								
	衣料品	アクセサリー	化粧品	靴類	日用品	贈答品	食料	飲料品	総数
アルゼンチン								10	10
オーストラリア								14	14
オーストリア								1	1
バングラデシュ	86			2	3				91
ベラルーシ	1								1
ベルギー	1				2		7	3	13
ボリビア								1	1
ブラジル					1			1	2
ブルガリア	2							1	3
カンボジア	31			11					42
カナダ							2		2
チリ								7	7
中国	110	121	30	45	135	45	2		488
クロアチア							1	1	2
キプロス							1	1	2
チェコ共和国		1	1		1		1	2	6
デンマーク							6		6
エジプト	2								2
エチオピア					1				1
フランス			3				41	36	79
グルジア	2								2
ドイツ		1	1	1			15	4	23
ギリシャ							3	3	6
グアテマラ							1		1
香港			2				1		4
ハンガリー					1		1	1	3

第4章　Marks and Spencer 社における CSR 活動の史的変遷とヘルシー・イーティング戦略の諸問題　○───── 117

アイスランド							2		2
インド	83	15	1	15	25	2		1	142
インドネシア	4				6				10
アイルランド					1		7	1	9
イスラエル								1	1
イタリア	4	3	3	2	3		34	29	78
ヨルダン	1								1
ケニア							3		3
レバノン								1	1
リトアニア	1								1
ルクセンブルグ					1				1
マダガスカル	2			1					3
マレーシア		1					2		3
モロッコ	4						1		5
ミャンマー	7	1							8
オランダ					4	1	18	1	24
ニュージーランド								6	6
パキスタン	2				7				9
フィリピン		1							1
ポーランド	1		2	1	4		1		9
ポルトガル	3				4		1	1	9
ルーマニア	6			1					7
セルビア	2								2
シンガポール		1			3				4
南アフリカ							2	14	16
スペイン				1			8	25	34
スリランカ	58								58
スイス			1				1		2
台湾	2	1	1		5	1			10
タイ	1		1		4		5		11
トルコ	59	1	1						61
アラブ首長国連邦	1	1							2
英国	4	2	16	21	32	6	209	47	337
米国						1	4	3	8
ウルグアイ								1	1
ベトナム	22	3	1	8	8	1	1		44
総数	502	153	63	109	253	57	381	217	1735

出所：M&S 公式ウェブサイトより作成

5．おわりに

　本稿では，英国の Marks and Spencer 社の CSR 活動に対する取り組みを検討し，その一領域である健康的な食生活の増進，すなわちヘルシー・イーティング活動の実践とその課題について議論を行なってきた。2007 年から展開されるようになった Plan A のスキームでは，エコ・ストアのような大型プロジェクトへ資源が投入される一方，ヘルシー・イーティングに関するコミットメントが少なくなってきたと同時に，その取り組み姿勢も消極的になってきていることを指摘した。M&S は CSR 企業としての名声を博したものの，ヘルシー・イーティングに関する事業は Plan A の中では極めて周辺的なものに過ぎず，むしろ Plan A が導入される以前の数年間の方が活発に展開されていた。食に関する問題は，M&S の顧客に留まらず国民全体の健康に関わる問題であり，食品を提供する小売業者の M&S にとって，もっとも重大な社会問題であるにも関わらず，CSR 戦略の中で軽視されていることは看過できることではなく，また，ヘルシー・ミールという新しい市場の潜在的な成長可能性を考慮しても重要なビジネス機会を損なっているとも言える。M&S は現在のところニッチなヘルシー・ミール市場では一定の成功を収めているとはいえ，より広範な市場形成には至っていない点についても指摘した。今日の M&S にとって，食品事業は売上の半数以上を占める主要な事業であり，この事業における商品開発の新たなイノベーションや，market driving 戦略が必要であることを論じた。

　2000 年代初頭から，CSR を中心に新たなポジショニングを試みてきた M&S であったが，2018 年の年次総会で，グループ全体の営業利益が前年比で 38％減少し，国内事業に限っては 93％も営業利益が減少するという経営状況が報告された（Annual Report 2018）。同年 5 月には，経営再建に向けた 5 カ年計画が発表され，英国内の全店舗の 1 割にあたる約 100 店舗を閉鎖することが報道された。この経営悪化の最大の理由は，実店舗からネット販売への移行という消

第4章　Marks and Spencer 社における CSR 活動の史的変遷とヘルシー・イーティング戦略の諸問題 ○───── 119

費行動の変化に求められるが，CSR 戦略を軸とした企業戦略がこの再建計画によってどのように方針を転換するか，その先行きは不透明な状況にある。経済的価値と社会的価値の両立という CSV の考え方を実現してきた M&S であったが，今後の経済的状況次第では，ますますヘルシー・ミール事業が縮小することも予想される。現在のところは店舗戦略の再建が謳われているが，商品戦略においてヘルシー・ミール事業をどのように育成していくことができるか，この潜在的に成長可能な事業への資源のポートフォリオを M&S がいかに行うか，その行方を見守る必要があるだろう。

【注】

1）国際的フレームワークの一例としては，OECD が参加国の企業に対して責任ある行動を自主的に採るように策定した OECD 多国籍企業ガイドライン，国連による人権，労働，環境および腐敗防止に関する 10 の原則を規定した国連グローバル・コンパクト，ISO（国際標準化機構）が発行する組織の社会的責任に関する国際規格である ISO26000 などが挙げられる（経済産業省 2014, p. 4）。

2）M&S の歴史的発展の詳細については，戸田（2008, 2010）を参照されたい。

3）2003 年から現在に至るまで，CSR レポートのページ数が増加していることからも，CSR 活動が M&S の中で重要性を増していることが伺える。

4）1970 年代には，M&S の徹底した社員教育訓練の甲斐あって，M&S の離職率や欠勤率は極めて低く，生産性は非常に高かった。社員教育の充実にくわえ，（1）全従業員への給与の上昇，（2）18 歳から成人の賃金率を適用していること，（3）1 年以上勤務した従業員には 4 週間の休暇を全てのスタッフに与えること，（4）クリスマス・ボーナスを受け取る資格取得必要年数を 1 年に縮小したこと，（5）1975 年からパートタイムを含む，全てのスタッフに充実した年金を提供するようになったことなどが挙げられる（Annual Report 1975, p. 10）。

5）M&S の経営哲学は，社内報である St. Michael News に掲載され，社員にも伝達された。またこの社内報では，新製品の特性や取り扱い方，衣料品の着こなしの提案といった商品情報に加えて，M&S の歴史を紹介するコラムが掲載されたり，または各店舗に勤務する従業員の結婚や出産などの近況の情報が紹介され，非常に親和的な雰囲気の中，情報交換や会社へのロイヤルティを高めるのに重要な役割を果たした。

6）M&S は 1981 年夏に南ロンドンの Lambeth にある Brixton という街で起きた暴動に対し

て，Brixton 支援キャンペーン（Backing Brixton Campaign）を展開した。Brixton では，1981 年当時，その住民の 25％が人種的なマイノリティで占められており，その多くが黒人であった。そしてここは高い失業率と犯罪率，劣悪な住環境によって深刻な社会・経済問題を抱える街であった。1976 年に人種関係法（Race Relation Act）が通過したものの，警察権力だけはこの条件から除外されるとみなされ，多くの若い黒人男性たちは警察から差別的な扱いを受けていた。特に不審者抑制法（Sus law）のもとで，警官たちは不審とした人物を誰でも制止したり尋問することが認められていた。1981 年 4 月の初旬には，不審者抑制法によってたった 6 日間で 1,000 人もの黒人男性が職務質問を受け，Brixton の住民と警官との間の緊張関係が高まった。そして，4 月 10 日の夜に逮捕された一人の黒人男性に対する警官の暴行が引き金となり，それから 3 日間に渡り若い黒人男性を中心とした警官への攻撃や建造物の破壊，自動車への放火など激しい暴動へと発展した。300 人以上の警官と 65 人の市民が負傷し，その損失はおよそ 750 万ポンドと推計された。このような暴動は Brixton に限られたことではなく，同時期に Liverpool や Manchester を始めとするイングランド各地で生じ，貧富の差や人種差別による社会不安が各地に広がり深刻な問題となっていた（BBC News, 11 April 1981, On This Day）。英国全土に店舗を展開していた M&S は，こうした情勢を看過することは不可能であり，積極的に地域社会の問題の解決に向けて取り組んだものと考えられる。

7）こうした M&S の活動は，そのサプライヤーにも波及し，特に Manchester などの企業を中心に若者の職業訓練を導入するようになった。同年 9 月には平均して 16 歳から 17 際の若者 500 人の訓練生に職業訓練の場を提供し，彼らは 36 週間にわたり M&S やサプライヤー企業で過ごした（Annual Report 1983, pp. 8-9）

8）この業績悪化に関する状況については，戸田（2008）に詳しい。

9）1978 年には St. Michael 商品の生産と流通に関連して，約 20 万人の雇用を生み出した（Annual Report 1978, p. 7）。

10）M&S がバイイング・ブリティッシュ原則を撤廃したことによる社会的・経済的影響については戸田（2008）を参照されたい。

11）M&S とサプライヤーとの関係や，品質管理の徹底については戸田（2008, 2010）を参照されたい。

12）このような原則を海外のサプライヤーに遵守させているとはいえ，実際のところはサプライヤーがさらに外部の企業に生産を委託するような場合もあり，サブ・コントラクターによる原則の違反が問題となっている。BBC News では，M&S を含むイギリスの衣料品を販売する小売業者に商品を供給しているトルコのサプライヤーが，シリアからの難民の子供達を劣悪な条件で働かせていることを報じている（BBC News, 24 October, 2016）。

こうした問題を受けて，2017年からサプライヤーの提供商品群，名称，所在住所，従業員数などの情報をPlan Aの公式ホームページの中で公開するようになっている。

13）この5つの柱は2010年まで維持され，2011年以降は，細分化されて7つの柱（①顧客との関わり，②Plan Aと事業との関わり，③気候変動への取り組み，④廃棄物の削減，⑤天然資源の保護，⑥フェアパートナー，⑦健康増進）へと拡張されて，2013年までこれが継続された。

14）英国における買い物用のビニール袋の使用については，2011年にウェールズ，2013年に北アイルランド，2014年にスコットランド，そして2015年にはイングランドが課金を導入した。これにより，今日では，消費者が買い物する際に再利用可能な買い物バックを持参することが一般的になっている。

15）具体的には，Plan Aに対する顧客の理解を促進するキャンペーンを行うことや，衣服や包材のリサイクルを推奨すること，健康な食生活の推進することなどに関わるCSR活動を含む（Plan report 2014, pp. 10, pp. 12-13）。

16）Intouchは，従業員への教育・訓練および福利厚生や，各地域の若者への就労支援，サプライヤーへの教育・訓練およびフェアな取引の推進，ユニセフなどの世界的なNGOとの連携など，M&Sと関わりのある主体への支援や環境改善を促す活動を含む（Plan report 2014, pp. 10, pp. 14-18）。

17）Integrityは，品質の高い商品を提供することや，持続可能な素材を使った食品および衣料品の提供，製造工程の確立，またはトレイサビリティの実現などを含む（Plan report 2014, pp. 11, pp. 19-23）。

18）Innovationに関しては，持続可能性を実現できるような形で，店舗やサプライチェーンにイノベーションを起こすと定義され，食品廃棄の減少や，CO_2を削減できるような輸送方法，節電や節水を始めとするエネルギー節約的なエコストアの計画などが含まれている（Plan report 2014, pp. 11, pp. 24-29）。

【参考文献】

金子匡良（2012）「CSRに対する政府の関与―ヨーロッパ各国のCSR政策を素材として」『研究紀要』第56・57号，pp. 213-243.

経済産業省（2014）「グローバル企業が直面する企業の社会的責任の課題」調査報告概要.

戸田裕美子（2008）「マークス＆スペンサー：100％プライベート・ブランドの店」『ヨーロッパのトップ小売業』マーケティング史研究会編，同文舘出版，pp. 115-139.

戸田裕美子（2010）「イギリス企業のPB戦略の展開―M＆S社のブランド戦略の変遷」『海外企業のマーケティング』マーケティング史研究会編，同文舘出版，pp. 109-129.

戸田裕美子（2015）「食品流通・外食産業・中食産業の発展」日本惣菜協会編『中食2015』日本惣菜協会，pp.23-32.

矢口義教（2007）「近年のイギリスにおけるCSRの展開—政策面に注目して」『経営学研究論集』第27号，9月，pp. 23-42.

労働政策研究・研修機構（2007）「諸外国において任意規範が果たしている社会的機能と企業等の投資行動に与える影響の実態に関する調査研究」『労働政策研究報告書』No. 88.

Bevan, J. (2001) *The Rise and Fall of Marks & Spencer*, Profile Books, Ltd., London, UK.

The Food Standards Agency (2007), *Food Using Traffic Lights to Make Healthier Choices*, The Food Standards Agency, England.

Jaworski, B., Kohli, A. K., and Sahaym A. (2000) 'Market-driven versus driving markets', *Journal of Academy of Marketing Science*, Vol. 28, No. 1, pp. 45-54.

Jones, P., Comfort, D., and Hillier, D. (2006),"Healthy eating and the UK's major food retailers: a case study in corporate social responsibility", *British Food Journal*, Vol. 108, No. 10, pp. 838-848.

Jones, P., Comfort, D., and Hillier, D. (2007),"Marketing and corporate social responsibility within food stores", *British Food Journal*, Vol. 109, No. 8, pp. 582-593.

Kotler, P. and Kotler, M. (2012) *Market Your Way to Growth: 8 Ways to Win*, John Wiley and Sons International Rights, Inc. （嶋口充輝・竹村正明監訳『コトラー　8つの成長戦略－低成長時代に勝ち残る戦略的マーケティング』碩学舎，2013年）.

Kumar, N., Scherr, L. and Kotler, P. (2000) 'From market driven to market driving' *European Management Journal*, Vol. 18, No. 2, pp. 129-142.

Matten, D. and Moon, J. (2008) '"Implicit" and "Explicit" CSR: A Conceptual Framework for a Comparative Understanding of Corporate Social Responsibility', *Academy of Management Review*, Vol. 33, No. 2, pp. 404-424.

Porter, M. E. and Kramer, M. R. (2011) 'Cereating shared value, how to reinvent capitalism-and unleash a wave of innovation and growth', *Harvard Business Review*, Reprint, R1101C, Harvard Business School, pp. 1-17.

Rees, G. (1969) *St. Michael, A History of Marks and Spencer*, Weidenfield and Nicolson, London, UK.

Schindebutte, M., Morris, M. H., and Kocak, A. (2008) 'Understanding market-driving behavior', *Journal of Small Business Management*, Vol. 46, No. 1, pp. 4-26.

BBC News, Brixton ablaze after riot, On This Day, 11 April, 1981/, http://news.bbc.co.uk/onthisday/hi/dates/stories/april/11/newsid_2523000/2523907.stm

第4章　Marks and Spencer 社における CSR 活動の史的変遷とヘルシー・イーティング戦略の諸問題　○───── 123

BBC News, Child refugees in Turkey making clothes for UK shops, 24 October, 2016.
　　http://www.bbc.co.uk/news/business-37716463
Press Release, Marks and Spencer, 7 June, 2012
　　http://corporate.marksandspencer.com/media/press-releases/2012/plan-a-report-confirms-
　　mands-as-first-carbon-neutral-major-retailer
Mintel Report（2016）Ready Meals（inc. pizza）-UK, Mintel Group Ltd.
Marks and Spencer, Annual Report, 1965-2018.
Marks and Spencer, CSR Review, 2003.
Marks and Spencer, CSR Report, 2004-2006.
Marks and Spencer, How We Do Business 2007-2012.
Marks and Spencer, Plan A Report, 2013-2018.
Marks and Spencer, Plan A 2025 Commitments.
Marks and Spencer, Global Sourcing Principles, updated in 2016.
Marks and Spencer website: Shwopping
　　http://www.marksandspencer.com/s/plan-a-shwopping
Statista.com, Ready Meals, United Kingdom
　　https://www.statista.com/outlook/40080100/156/ready-meals/united-kingdom?currency
　　=gbp
St, Michael News, May, No. 3, 1983
St. Michael News, vol. 14, No.1, 1967
Scottish Daily Express, September 21, 2016.

第5章

ミールソリューションの国際比較
―アジア地区を中心に―

1．はじめに

　世界の人口は 1970 年の 37 億人からほぼ 2015 年にはほぼ倍の 73.8 億人にまでになってきている。人口の増大とともに食の市場の規模も拡大してきている。本論文では，食の市場を家庭が食事の解決方法として小売店で食材を購入し食事とする割合と外食で食事を摂るという割合が国によってどのような違いがあり，変化してきているか各種データをもとに探る。

　対象とするのは外食すなわちフードサービス市場に焦点をあて，市場規模の大きい 20 ヵ国・地域を取り上げる。その中でもアジアの国々を中心に食品販売を主とするグローサリー店とフードサービス店の動向と特徴を見てみる。なおフードサービスの市場規模だけでは人口の多い国々が中心になるため一人当たりフードサービス市場規模が大きい国や地域についても同様の分析を行うこととする。

2．フードサービス市場規模

2−1　市場規模と店数

　ユーロモニターデータによると 2017 年の消費者むけフードサービス市場規

模は世界全体で2兆8,143億ドル（2017年平均1ドル111円で約312兆円）になる。ユーロモニターのデータは消費者対象のフードサービスであるのに対し，各国の政府統計や民間調査機関のデータは事業所や学校給食を含むものもあるため，同じ年のデータであっても数値が異なることがある。なおユーロモニターは，継続的に多くの国々について調査を行っており貴重なデータを提供している。今日の国際比較もそのデータが基礎となっている。

　図表5-1は2017年の消費者向けフードサービス市場規模ベスト20の国・地域である。中国が圧倒的な規模で6,434億ドル，それにアメリカが5,602億ドルと続く。この2ヵ国合計で1,200億ドルを超えている。3位の日本も約2,000億ドルであるが，中国の1/3，アメリカの半分に満たない。4位と5位は人口の多いインドさらにブラジルとなり，6位から10位は韓国を除くとヨーロッパの国々となる。この10ヵ国合計で2017年の市場規模の73％を占めており，20位まで拡げると85％になっている。20位まではアジア諸国が10ヵ国，ヨーロッパ5ヵ国，北米・南米で4ヵ国それにオセアニアとなっており，アジア地域が存在感を示してる。

　各国の人口を見ると10位まででではスペインの4,650万人が最も少なくなっており，上位の5ヵ国は1億人を超えている。20位まででは人口が少ない国・地域として台湾が2,350万人，オーストラリアが2,450万人，サウジアラビアが3,290万人，カナダが3,670万人と4,000万人に満たない。一人当たりGDPをみると上位10ヵ国の中では1万ドル未満が中国，インド，ブラジルになるが中国とインドは人口が13億人を超え，ブラジルも2億人を超えており，人口の多さがフードサービス市場の大きさをもたらしている。

　人口が1億人を超えてはいるがフードサービス市場規模で20位までに入らない国としては，パキスタン，ナイジェリア，バングラディシュ，エチオピア，フィリピンがあり，一人当たりGDPはフィリピンの約3,000ドルを除くと他の国は2,000ドルに達していない。

図表5-1　フードサービス市場規模と店数（2017年）

		売上 （百万ドル）	店数				売上 （百万ドル）	店数
1	中国	643,447	9,208,507	11	ドイツ		49,633	196,804
2	アメリカ	560,229	677,562	12	メキシコ		45,930	947,939
3	日本	197,938	739,001	13	カナダ		45,717	77,677
4	インド	131,456	2,390,544	14	オーストラリア		42,685	71,029
5	ブラジル	131,329	1,109,769	15	インドネシア		37,771	205,633
6	イタリア	87,304	293,317	16	タイ		24,660	152,157
7	スペイン	87,638	274,736	17	ベトナム		22,794	311,161
8	イギリス	85,638	166,214	18	台湾		21,065	244,376
9	韓国	75,835	645,460	19	サウジアラビア		20,296	35,202
10	フランス	56,827	175,228	20	ロシア		19,138	109,429

出所：ユーロモニターデータを基に作成

　フードサービス店数についてみると，100万店を超えるのは人口が多い3ヵ国であり，中国は920万店と2位のインドの3.8倍もある。上位10ヵ国の合計が1,568万店であり，中国だけで上位10ヵ国の60％近くを占めている。インドが239万店，ブラジルが110万店と続き，アメリカ，日本，韓国は各々60～70万店程度存在している。

　フードサービス市場規模上位の20ヵ国について，人口数とフードサービス店数の割合をみると極端に店舗が少ないのはロシアとインドネシアであり，ほぼ1,300人に1店しか存在していない。サウジアラビアも約900人とそれに続く。

　次のグループは1店当たり400人程度から500人の国々になる。インドは560人に1店で400人台はアメリカ，ドイツ，カナダ，タイとなっている。イギリス，フランスは300人台後半，オーストラリア，ベトナムが300人台前半になっている。

　逆にフードサービス店数が多いのが韓国，台湾であり，韓国は80人に1店，台湾は96人と，両国とも1店あたり100人を切っている。中国，日本，ブラジル，スペイン，イタリア，メキシコなども100～200人に1店となり多い方といえる。店数が圧倒的に多い中国ではあるが人口も多いため1店あたり151

人となり日本の 172 人と比べてみても差が大きいわけでもない。

2－2　フードサービスとグローサリー

　次に分析対象とした 20 ヵ国・地域についてグローサリー店の市場規模と店舗数も活用し，比較してみた。グローサリー店は主に食材を扱い，フードサービス店は料理そのものを提供しているので，この数の比較でミールソリューションの方法として，家庭で食材を購入し調理して料理として食べているのか，それとも料理そのものを購入しているのか重点の置き方が分かる。最近はグローサリー店でも総菜などの販売が増えてはいるが，ここでは食材が主であるとして考察していく。

　その結果が図表 5 － 2 になる。図表 5 － 2 の縦軸は店数，横軸は売上の比較になる。縦，横とも 100 の値はグローサリーとフードサービスが店数，売上でも同数ということになる。（100,100）の値を中心に考えると，それより右上の国々はグローサリー店の方がフードサービス店よりも店も売上も大きい国であり，インドネシア，インド，タイ，ロシア，ベトナム，サウジアラビアの 6 ヵ国が入っている。中でもインドネシアが店数で圧倒的に多いこととロシアが売上の面で多い。この 2 国はグローサリーが主である国の代表と言える。

　インドとタイはインドネシアほどではないがグローサリーの店数が比較的多く，ほぼ同じ位置にある。上記の 4 ヵ国ほど大きな差ではないがベトナムは，グローサリーの店数が多い。またサウジアラビアは，グローサリーの売上はフードサービスより多いものの店の数では差はそれほど大きくない。

　また（100,100）から左下の国はフードサービス業の売上や店がグローサリーより多い国になる。20 ヵ国の中では，ブラジルのみとなる。

　残りの 13 ヵ国は，店数ではフードサービス店の方がグローサリーよりも多いが売上はグローサリーの方が多くなっている。その中でもフランスとドイツは似ており，グローサリーの売上はフードサービス店の 4 ～ 5 倍となっている。それに次ぐのが 2 ～ 3 倍のイギリス，カナダ，オーストラリアの 3 ヵ国になる。残り 8 ヵ国はアメリカ，メキシコ，イタリアが 2 倍弱であり，日本，台

図表5－2　フードサービスとグローサリーの店数，売上比較（2017年）

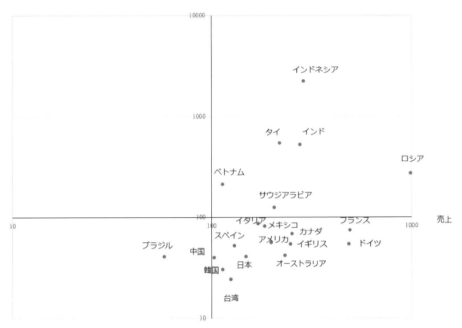

（注）縦軸は店数（グローサリー店／フードサービス店）で対数表示，横軸は売上（グローサリー店／フードサービス店），ユーロモニターデータから作成。

湾，スペインが1.5倍程度，そして韓国と中国はわずかにグローサリーの売上が多い。

3．フードサービス産業が未発達な国々

　フードサービス市場規模が大きいものの，先進国に比べフードサービス業の発展が十分でない国の代表としてインドネシアとインドについてグローサリーとフードサービス業の状況について見てみることとする。

A インドネシア

インドネシアの国土面積は 191 万k㎡と広く, 赤道を取り巻く約 1.8 万の島々と多数の民族集団からなりたっている。古くから居住していた土着の人々はプリブミと呼ばれ, プリブミの中でも 250 以上の部族的文化を保持している。東西は北米の東西海岸間に匹敵する 5,100km 以上にわたり, 時間帯だけでも西部 (スマトラ島, ジャワ島など), 中部 (カリマンタン島, スラウエシ島など), 東部 (ニューギニア島など) の 3 つのゾーンに分けられている世界最大の島国である。経済は首都圏に集中しておりジャカルタと地方の格差は大きい。1967 年にはインドネシア, マレーシア, タイ, フィリピン, シンガポールの 5 ヵ国でASEAN (現在は 10 ヵ国) を発足させている。1960 年代後半から 90 年代半ばまで年平均 7% 成長をとげBRICsとともに次期の経済大国と期待されていたが, 1997 年アジア通貨危機の影響を受け政治危機も引き起こした。1999 年政治体制も変わり安定しつつあり 2007 年には 10 年ぶりに 6% 台の成長を見せている。インドネシアは元々, 経済を握っていたのが人口の数% しかいない中国系住民 (華人) であり, 残りの人々 (マレー系住民) はほとんどが農民出身で, 商売とは関係の薄い生活環境にいた。

① 発展途上のグローサリー店

グローサリー店数は 461 万店 (2017 年) あり, 人口は中国, インド, アメリカに次ぎ 4 位で 2.5 億人であるから, グローサリー店は 57 人に 1 店存在することになる。比較した 20 ヵ国でグローサリー 1 店あたりの人口が二桁であるのはインドネシアとタイになる。インド, メキシコ, ベトナムが 100 人台であり, イタリア, 韓国が 200 人台, スペイン, 中国が 300 人台, その後は 400 人台の台湾, 日本, ブラジル, ロシア, 500 人台のフランス, 600 人台のカナダ, 700 人台のイギリスとドイツ, サウジアラビア, 800 人台のオーストラリア, アメリカになる。少人数に対して店舗が存在しているということは, 大型店が発達している国々からみると, グローサリー店が過多で零細, 生産性も劣る状況にあるといえる。

第 5 章　ミールソリューションの国際比較　○——— 131

　この原因としては政府の保護政策があげられる。インドネシアでは，近代的小売店については，業態，地域，品目など分野ごとに厳しい規制がある。例えば取り扱う商品の 8 割以上を国産品とすることが義務とされることや，プライベートブランドの販売は商品全体の 15％にとどめること，近代的小売店の直営は 150 店舗までに制限することなど数多くの制限が課せられている[1]。

　今でもインドネシアの多くの村や町の中心にはパサール（pasar）という市場があり，生鮮食品や雑貨の売買が行われている。そこでは農家が自家製の農産物を売ったり，何軒もの小売商が店を出しているが，価格交渉が必要となる。またワルン（warung）と呼ばれる零細小売店が数多く存在する。ワルンは，簡単な造りの屋台で，コンクリートなどでしっかりした構えの店はトコ（toko）と区別され，トコは中国系の人々により所有されることが多く，ワルンは土着のインドネシア人によって所有されている。それらの店では野菜，果物，米，洗剤，薬，乾電池など日用品を販売している[2]。ワルンの売り場スペースは限られ品目も少なく，トコの方が高価な品物が売られている。このような屋台は，昔から行商による商いが盛んであったためである。デロイトトーマツによる調査（2015 年）では飲料（果物 / 野菜ジュース）のアイタム数は大型店が 18 に対し 5 程度になる。同調査によるとタバコや飲料，加工食品の分野ではワルンが今でも頻繁に利用されている。

　近代的な小売りの歴史をたどると，1969 年には外国人のために近代的スーパーマーケットに類似した店舗ができているし，1972 年に空調設備を備えたスーパーマーケットも開業し，百貨店もできている。また 1990 年代にはフランスのカルフールが合弁で始めたハイパーマーケットも参入しているし，近年ではスーパーマーケットやミニスーパーが成長してきている[3]。2017 年ではカルフールは 69 店存在する。一人当たり所得が 1,000 ドルを超えるとスーパーマーケットなどの近代的小売り店舗が増え始めると言われており，IMF の統計では，1993 年には 1,013 ドルと 1,000 ドルを超え 1997 年には 1,308 ドルにまで伸びたものの経済危機でその後は落ち込み，再度 1,000 ドルを超えたのは 2002 年になる。その後は順調に伸びており 2010 年に 3,178 ドルと 3,000 ドル

を超えており小売り近代化への離陸期を迎えている段階といえよう。

　しかしながらユーロモニターによる調査では，2017年のグローサリー総数461万店のうち近代的小売店（モダングローサリー）は3.4万店で，グローサリー店総数の約0.7%でしかない。そのうちコンビニエンスストアが3.2万店あり，ハイパーマーケットが300程度，スーパーマーケットが約1,400になる。しかし販売額では，近代的小売りは17.5%になる。そのうちコンビエンスストアが9.9%，ハイパーマーケットが2.5%，スーパーマーケットが5.0%となっている。近年コンビニエンスストア数が急増しており販売額も増えてきている。

　具体的な企業を見ると，近代的小売りとしては，スーパーマーケットとコンビニエンスストアの中間的なミニ・マーケットをインドマレット（サリム・グループ傘下インドマルコ・プリスマタマが運営），アルファマート（スンブル・アルファリア・トリジャヤが運営）が2大勢力となって店舗を急増させている。前者は2012年7,245店が2017年15,335店へ，後者は2012年7,063店が2017年13,866店と増加している。この2社は「世界の小売業ランキング2017」（デロイト）の上位250社に初めてランキングイン（インドマレットは235位，アルファマートは239位）するほどの勢力になっている。コンビニエンスストアには，日本の和食さとやミスタードーナツのダスキンも商品を提供している。ジャカルタなどでは渋滞がひどいため住宅街に出店するのが重要であるが，日系のコンビニは外資に対する規制や提供価格帯が高いため苦戦している。

　②　伝統食の強いフードサービス業

　インドネシアではグローサリー店数の多さに比べ，フードサービス店は20万店しかない。フードサービス店は約1,300人に1店と人口当たりの店数が極端に少ない。阿良田（2008）はインドネシアの食文化の実情と背景を詳述している。それによると数年前までは，そもそもインドネシアの農村では，外食するということが習慣になっていないのが現状であり，旅行する場合は旅先の親戚や知り合いを訪ね，あてがない場合は腹持ちの良いおやつや弁当を持っていったようである。

第5章　ミールソリューションの国際比較　○───── 133

　フードサービスを提供するものとしては，カキリマ（kaki lima, 移動式屋台）が地元庶民に古くから利用されている。カキリマは「五本（リマ）と足（カキ）」のことで台車を引いた物売りが，台車の車輪が2本，物売りの足が2本，台車を停めるときの支え棒が1本で合わせて5本足となることからきている。そこでは麺，ごはんスープ，揚げ物などが手ごろな価格で販売され，客が道端で食べたり，食べ歩きのようにテイクアウトとなっている。カキリマが決まった場所で決まった時間になると長椅子も用意されたワルン（warug, 屋台）になり，さらに規模が大きくなるとルマ・マカンという大衆食堂となっていき，軽食からご飯ものを提供する場となっている。

　政府はフードサービス業についても外資に対し閉鎖的であったが2010年6月には51％まで外資が投資できるようにはなっている。しかし店舗数の規制（直営店は250店まで）や提供する食品の原材料については80％以上がインドネシア国産品などの規制がある。外資のコンビニエンスストアの中には，小売りより規制が比較的緩やかなレストランとして出店したものもある。このためコンビニエンスストアがインドネシアでフードサービスの提供場所として受け入れられ増加してきている（なお2012年には主要事業以外の物品の販売は，全体の販売品目の10％以内という規制が実施されている）。ユーロモニターの立地別フードサービス販売額（2017年）では，飲食店が55.5％，小売店が34.3％，旅行3.7％，宿泊3.4％，レジャー施設3.1％となっており，グローサリー店が数多く存在するため小売店での飲食が重要な役割を果たしている。

　なお農村とは違い大都市では働く女性も増加しており外食が普及してきている。約20万のフードサービス店の90％程度は独立商である。外国資本のファストフードとして1970年代末にケンタッキーフライドチキン（KFC）が出ており，その後ピザハットやマクドナルドも都市部を中心に展開している。このためファストフードやピザ店では，独立店よりチェーン店の方が多い。またダンキンドーナツが1980年代半ばから全国的にチェーン展開し，喫茶店があまりなかったインドネシアで新たな市場を創っていった。インドネシア発祥のコーヒー＆ドーナツショップのJ.CO（ジェイコ）も，勢力を拡大している。

2017年では，チェーン店では店数一位のEdamバーガーが2,360店，それに続くKebab Turki Baba Rafiの1,304店が1,000店を越えており，さらにKFCが678店と続く。サークルKやダンキンドーナツ，7-11，スターバックス，ピザハットなども各々200〜300店出ており，マクドナルドも177店存在する。

B　インド

1947年イギリスから独立以降は，社会主義的統制経済の下で輸入代替型工業化を進めていった。しかしソ連が崩壊し冷戦が終わった1991年に新経済政策（NEP）がとられ公企業から民間企業への株式売却も行われるようになり徐々に近代化，民営化が進んできた。また外資出資比率に関する規制も緩和され1992〜2004年度のGNPの年平均成長率は6.3％となり，2003年にはゴールドマン・サックスによってブラジル，ロシア，インド，中国の4ヵ国がBRICsと名付けられ成長が期待される新興国の代表になった。その後経済成長が資源価格に連動するブラジルとロシアは成長率が落ち込んできているが，インドは長期的成長を継続させてきている。人口は中国に次ぎ世界2位であり，人口構成は三角形の人口ピラミッドを形作り生産年齢人口は約66％（2017年）であり今後の消費市場が拡大するものと期待されている。しかし特権階層と非特権階層に社会が分断され，また農村部と都市部では経済力格差が大きく，「世界最大の民主主義国」ではあるが社会開発に関する課題は山積している。インドの宗教を見ると人口の80％が信仰するヒンドゥー教や13％がイスラム教，その他キリスト教やシク教，仏教，ジャイナ教であり，食のタブーが存在する。ヒンドゥー教徒は牛肉を，イスラム教徒は豚肉を食さない。その他宗教によって断食や菜食のみの時がある。またインドでは，ベジタリアンの人口も多く，レストランや加工食品販売においては，ベジタリアン・非ベジタリアンの表示が必ずつけられている。

なお2016年11月モディ首相はブラックマネー対策として，高額紙幣の廃止を行ったため，小売店やフードサービス店でクレジットカードやスマホアプリ

による電子決済が急速に普及してきている。

① 零細店が中心のグローサリー

グローサリー店は1,270万店（2017年）にもおよび，人口との比較ではグローサリーは105人に一店となり，インドネシアほどではないが，非常に多くの零細店が存在している。柳沢（2014）によると露店・行商人は都市人口の2.5％を占め，インド全体ではおおよそ1,000万とも推定され，1999/2000年の全国標本調査では都市インフォーマル部門の商業分野の就業者は1,641万人となっている。行商人・露店は都市の居住者，特に下層階層への生活必需品を提供しており，固定店舗の商店の価格より低い価格で販売している。露店の顧客は，タクシーやオートリキシャの運転手，下層の勤労者が中心となっている。

1980年代末からスーパーマーケットや百貨店も増加し，1990年代にはショッピングモールも誕生しはじめており，近代的な業態の展開もみられる。インドでは，1991年以降経済自由化が進められたものの，小売業分野の海外直接投資については1997年禁止となったため，外国の有力小売企業の参入が拒まれている。インドに規制が多いのは「中国とちがって政治家が選挙を意識し，零細自営業者などを票田とみなすため，トラディショナルトレードが保護され，残存する構造がある」[4]ためである。

小売業界ではビヤニが経営するフューチャーグループが最大手となっており，グループのパンタロン・リテール社は衣料製造から出発し1997年パンタロン・デパート・チェーンを展開した。その後2001年からハイパーマーケットチェーンのビッグバザールやスーパーマーケットチェーンのフードバザールを，さらにホームセンターも展開している。他の財閥としてはタタ（ウエストサイド），RPG（フードマート，ミュージックワールド），ピラマル（ピラミッド，クロスロード）ラヘジャ（ショッパーズ・ストップ）などが小売りチェーンの店を展開しているが大都市に中心となっている[5]。

ユーロモニターの2017年で近代的小売店（モダングローサリー）の数を見ると6,500店しかない。そのうちスーパーマーケットが4,900店，ハイパーマー

ケットが 500 店，コンビニエンスストアが 800 店になる。これに対して伝統的なグローサリー店が 95％にあたる 1,269.5 万店を占めている。販売額でも近代的小売店（モダングローサリー）は 2.5％にしか達していない。販売額の 97.5％が伝統的な店となっており，「キラナ（Kirana）」と呼ばれる零細店である。キラナは，宅配サービスも実施しており，なじみ客には「つけ」での支払い可能なため多くの顧客が利用している。

　なお 2006 年には規制緩和が行われ単一ブランドの場合は審査を得た後許可されており，大都市中心に外国小売りの参入が行われ，2016 年 8 月日本の小売業では「無印良品」が初めて出店している。

　②　未発達なフードサービス業

　フードサービス店は図表 5 - 1 では中国に次ぎ約 240 万店もあり，インドネシアの 11 倍以上の店数がある。しかしグローサリー店数（約 1,270 万店）との比較では，フードサービス店は 20％にも満たない。人口との比較ではフードサービスの方は 560 人に一店であり，インドネシアの約 1,300 人に一店ほどではないものの人口当たりの店数が非常に少ない。240 万店のうち約 140 万店は露店であるから全体の 60％近い。フルサービスのレストランは約 79 万店であり，フードサービス店の 3 店に一店の割合になる。ファストフードは 10 万店で全体の 5％に満たない。

　インドネシア同様にインドも，自宅で食べられない場合は親せきや知り合いの家で食べるのが原則で外食産業は未発達の状態であった。そのため 19 世紀半ばからある商売としてダバ・ワーラー（Dabbawala）がある。ダバは弁当箱，ワーラーは職人の意味で，各家庭の手料理を詰めた弁当を毎朝集め，昼には勤務先まで配達するサービスである。ダッバーワーラーはインド西部の大都市ムンバイが発祥地で，学校やオフィスに配達するもので，高温で湿度が高く，弁当の腐敗が心配なムンバイならではのサービスと言われる。

　なおファストフード産業は小売業でなく製造業であると考えられているため，製造業における外国投資の規制が緩和されたときにファストフード産業も

自由化されている[6]。

　小磯（2006）によると，1980年代は外食と言うと，ちょっとおしゃれなインド料理店で，家庭では作れないタンドゥーリー料理などを食べたり，中華料理屋に数か月に一度家族ででかけるか，町の軽食屋で南インドのスナックを食べる程度の人が多かったそうであるが1990年以降急に外食が「ファッション」と化したと記されている。1996年にはマクドナルドが進出し，若者中心にファストフードの利用が増加してきている。

　2017年では，チェーン化したフードサービス店の大手としては，コーヒーチェーンのカフェ・コーヒー・デイ（CCD）は，1,662店，ドミノピザは1,155店と，1,000店を超え，サブウェイが630店そしてダンキングループのバスキン・ロビンが620店と続く。マクドナルドやKFCなどは300〜400店台となっている。カフェ・コーヒー・デイは，1996年にバンガロールに開店し，カウンターでコーヒーや軽食をオーダーし会計を済ますと座席に持ってくるシステムで200を超える都市に展開している。

C　インドネシアとインドの今後

　ATカーニーは「グローバル・リテール・デベロップメント指数（以下GRDI）」調査を2001年より毎年実施している。小売企業がグローバル市場での成長戦略を定め，参入市場の選定や優先順位付けを行う際の材料となるべく，新興市場の参入魅力度を測るものとなっている。マクロ経済および小売業独自の25の変数をもとに，「市場魅力度」「カントリーリスク」「市場飽和度」「参入緊急度」という4つの観点から評価，数値化し，上位30ヵ国をランキングしている。2017年では1位はインド，2位が中国，3位はマレーシアであり，インドネシアは8位（2016年は5位）となっている。この数字に見るように現在のところ小売部門の近代化が後れているものの，アジア地区は，安定した経済とビジネス環境の改善が期待されている。他の地域に比べ地政学的リスクが低いことを背景にアジアの新興国小売市場の参入魅力度が高まる結果となったと記されている。

インドの人口ボーナスの期間は 1970 年から 2045 年まで 75 年間，インドネシアは 1975 年から 2030 年まで 55 年間と予想されており，小売業のみならずフードサービス業など食の市場自体の有望市場として注目されている。

4．フードサービスの利用が盛んな国・地域

次に一人当たり飲食売り上げ市場規模が大きい国・地域を 20 ヵ国取り上げてみる。図表5－3はユーロモニターによるデータを基に 2017 年における一人当たりフードサービス市場規模の上位 20 ヵ国・地域をみたものである。図表5－1と図表5－3の両方に入っているのはアメリカ，日本，イタリア，スペイン，イギリス，韓国，カナダ，オーストラリアの8ヵ国となる。

図表5－3のみに掲載されている 12 ヵ国・地域について見ると人口は最大でギリシャとスウェーデンが約 1,000 万人程度となっている。12 ヵ国の平均は 720 万人であり人口 400 ～ 600 万人の国にはデンマーク，シンガポール，フィンランド，ノルウェー，アイルランド，ニュージーランドが入っている。それらの国・地域は人口が少ないものの豊かな国々として知られている。

図表5－1と図表5－3の国・地域の一人当たり GDP の 20 ヵ国の平均を比較すると，図表5－1の平均 2.5 万ドルに対して図表5－3は 5.2 万ドルであり，2倍を超えており，その豊かさが分かる。

図表5－3の国・地域について図表5－2と同じ手法でグローサリー店との比較を行ったのが図表5－4になる。図表5－2と比べて明確な違いとして挙げられるのが（100,100）より右上に入る国が一つも存在しないことがあげられる。このことは，フードサービスの店数がグローサリー店のものより大きいことを示している。豊かな国・地域は，それだけ外食を楽しむというサービス経済化の程度が顕著であると言える。

図表5－4で（100,100）より左下にある国として香港，シンガポールがある。

第5章　ミールソリューションの国際比較 ○────139

図表5-3　フードサービス店一人当たり売上（ドル）が多い国・地域（2017年）

1	香港	2,087	11	韓国	1,494
2	アイルランド	1,917	12	スエーデン	1,474
3	スペイン	1,873	13	イタリア	1,441
4	ニュージーランド	1,760	14	イギリス	1,301
5	オーストリア	1,739	15	ノルウェー	1,248
6	オーストラリア	1,739	16	カナダ	1,248
7	アメリカ	1,720	17	デンマーク	1,201
8	UAE	1,577	18	ギリシャ	1,078
9	スイス	1,563	19	フィンランド	1,061
10	日本	1,562	20	シンガポール	1,049

出所：ユーロモニターデータを基に作成

　フードサービスの方が店数だけでなく，売上でもグローサリーより多く，外食が日常化している国・地域と言える。またフードサービスがグローサリーの売上とほぼ同じ国として韓国があり，20ヵ国の中では，UAE，スペイン，日本もフードサービスとグローサリーの売上が，近い国々である。一方スイスと北欧のノルウェー，フィンランド，デンマークはグリーサリーの売上規模が大きい。またギリシャとイタリアは似ており，オーストラリア，ニュージーランドも比較的近い位置にあり地理的に近い国は類似の構造になっていることが分かる。20ヵ国では，アジアの国・地域は図表5-4の左に位置しており，ヨーロッパの国々でも食を楽しむ文化で知られているラテンの国も相対的に図表5-4の左側となっている。

　次にフードサービスの利用が多いアジアの中からシンガポール，香港，韓国を取り上げその状況を見てみる。

A　シンガポール

　シンガポールは1824年イギリスの植民地となり，1959年自治権を獲得しシンガポール自治州となり，1963年マレーシア成立に伴い，その一州として参加した後1965年マレーシアから独立している。その時の人口は189万人であったが，2010年には人口500万人をこえ2017年では約560万人に増えてい

図表5－4　フードサービスとグローサリーの店数，売上比較

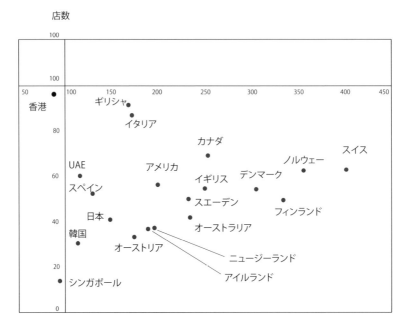

(注) 縦軸は店数（グローサリ店/飲食店），横軸は売上（グローサリー店/飲食店），ユーロモニターデータを基に作成

る。国土は719.2km²と東京23区より少し広い程度である。人口密度は7,915人/km²と世界有数の高密度国家である。1965年の独立以来人民行動党（PAP）がほぼすべての議席を独占し，リー・クアンユー首相（在任期間31年間）の絶対的な行政権力の下に，政府が様々な形で市場介入，管理し経済成長を遂げてきている。1997年からのアジア通貨危機や2008年のリーマンショック受けて一時停滞したが，その後もアジアの国際ビジネス，輸送，生産・研究開発拠点としての地位を築き，成長率は持ち直し好調を続けている。一人当たり名目GDP（IMF統計）では2007年日本を抜き，その後停滞したが2010年からは日本を完全に抜き去ってきている。シンガポールを「企業活動のハブ」とするための優遇税制もあり，外国企業を引き付けており，人口の4割弱を外国人が占

めている。

① 寡占化するグローサリー

シム・ルーリー，ラム・ソー・キム（2001）は1960年代からの小売り構造の変化を3段階に分け記している。それによると①1960年代前半までは，地元の住民に生活必需品を販売する小さな店舗と地元と観光客双方に対応する品ぞろえの百貨店や伝統的小売店の二極分化時代，②1970～80年代は，政府の都市政策によりニュータウンが建設されショッピングセンターができた時代③1990年代になり大量輸送システム（地下鉄）が整備され駅や周辺に商業施設がでた時代になる。日本企業としては百貨店の伊勢丹が1972年に，食品スーパーのヤオハンが1974年進出している。1980年代にはオーチャード通りが商業地区の中心となり伊勢丹は地元百貨店として栄えていき，1993年には高島屋もオーチャード通りに大型店として出店し，地元ならびに周辺の東南アジアからの観光客も顧客として集客している。

2017年ではグローサリーは3,820店あり，近代的小売店（モダングローサリー）が926店で24％にあたる。コンビニエンスストアが422店，スーパーマーケットが315店，ハイパーマーケットが16店になる。販売額では，近代的小売店（モダングローサリー）が71.5％であり，スーパーマーケットが52.7％，ハイパーマーケットが11.5％，コンビニエンスストアが6％になっており，伝統的な食品店の販売額は28.4％でしかない。昔はウェットマーケットと呼ばれる生鮮市場が多数存在していたが，近年は減少しつつありスーパーマーケットに代表される近代的小売店に代わってきている。店舗数ではコンビニエンスストアの7-11が415店と圧倒的で，ローカルブランドのチアーズ（NTUC）も102店ある。またスーパーであるフェアプライスが104店と100店を超えている。

小売り企業としてはNTUCフェアプライスが圧倒的な一位となっている。ユーロモニターの2017年データでは，小売り全体の9.8％で1位，グローサリー部門の34.6％を占めている。NTUCは全国労働組合連盟であり，もとは組合員のためのスーパーを1983年スタートさせたものが基礎であり，人民行

動党（PAP）の支持母体になっており，政府とのつながりが非常に強い。組合員が50万人を超え，シンガポールの勤労者のほとんどが加盟しており，組合員とその家族にむけ値引きもあり，また買い物額に応じて配当金も受けられるので日常の買い物をフェアプライスで行うことや，立地も公共性の高いということで良い場所を確保しているため，日常商品を提供しようとする日本を含む外資企業にとってみれば不利な市場になっている[7]。

なおシンガポールは，東西42km，南北23kmと国土が狭いため商業スペースが政府の開発管理下で供給され立地の制限を受けている。また車を持つには自動車所有権証書の購入が必要であり，さらに都心部や特定の混雑区間に侵入する際は課金される制度もあり乗用車普及率（1,000人あたり）は，2015年で145台であり，日本の611台に比べると23%程度でしかない。このため多くの先進国に見られるような郊外に大型のショッピングセンターが存在し，そこへ車で買い物に出かけるという形にはなっていない。都市部では地下を郊外では高架を走る大量高速鉄道（MRT）が整備されているため，車がなくても生活に不便はない。ハイパーマーケットとしてカルフールが1997年に1号店を出し2003年に2号店を出したが，2012年末には撤退している。ハイパーマーケット数は2009年13店であったが2017年16と少しずつ増加してきている。

② ホーカーセンターが特徴のフードサービス店

フードサービス数は2.7万店であり，グローサリー店の7.2倍の店数になり，人口約200人に1軒存在することになる（シンガポール統計局の外食飲食サービス産業統計では，2014年6,860の店舗数であるが，これにはホーカーの店が含まれない。このためユーロモニターの数字とは異なっている）。

東南アジアでは屋台文化が発達しており昔から屋台形式の飲食店は多かった。シンガポールも，街中を行商で売り歩くホーカーや屋台での外食提供が多かったが，衛生上の問題からホーカーゼンター（屋台村）にまとめられた。ホーカーセンターは，簡易食堂の役割を果たしており数百円と安価であり，1日3食をホーカーセンターで済ませる人も多い。シンガポールの健康推進局

（HPB）の調査によると 2010 年では国民の 1 週間あたりの外食回数は，平均 8 回になっている。シンガポールでは共働きが多く，食材を購入し家庭で調理するよりも時間の節約になる。Year book of Singapore2018 によると，78.9％が住宅公団（HDB）に居住しており，その近辺にホーカーセンターがある。ホーカーのライセンスは 2017 年では 13,865 発行されており 13,329 がフードセンターや市場であり，536 が路上となっている。National Environment Agency（環境庁）のホームページ（2019 年 1 月調査）では，NEA の管理にあるホーカーセンターは 107，その他に 7 つのホーカーセンターがある。各センターは 20 〜 200 のストール（店）から成り立っている。

　大塚・木下・丸茂（2008）によるとホーカーは 19 世初頭移住した中国人が容易に開業できる商売として始めている。20 世紀半ばには保健省がホーカー法を施行させ管理するようになり，1968/1969 年には市街地のホーカーに対しホーカー調査を行っている。その時点で登録されたホーカー以外にはライセンスの交付を認めず，1973 年にはシンガポール全土のホーカーが管理下に置かれることになり，ホーカーセンターないし路上の固定した場所で営業し，行商行為は原則禁止となった。ホーカーセンターの建設は保健省（後に環境庁）や住宅開発庁，それにジョロンタウン公社が関わり，各ホーカーの管理は環境庁が担当している。

　環境庁のホームページにも掲載されているが 1960 年代は，ホーカーセンターは街中に存在し衛生状態も良好とはいえなかった。しかし 2001 年 2 月にホーカーセンター・アップグレード計画が実施され，周辺建築物とも調和するデザインや設備環境も改善されてきている。また各々のフードサービス店については，公衆衛生規制を順守しているかの検査が行われ，検査の結果 A 優良（85％以上），B 良（70 〜 84％），C 平均（50 〜 69％），D 平均以下（50％未満）の 4 段階で基準もチェックされ，その結果が店頭に表示されている。

　ファストフードの店数（ユーロモニター 2017 年）では，マクドナルドが 137 店，スターバックス 137 店，サブウェイ 128 店，KFC が 88 店などがあり，ファストフードやピザはグローバルブランドが大きな勢力を占めている。

B 香　港

　最近の人口は約739万人で，人口密度は7,039人/km^2（2017年）とシンガ
ポールほどではないがかなり人口密度が高い地域になる。また国連統計による
外国人旅客数は2010年以降毎年2,000万人を超えており，2016年には2,655
万人となっている。これは2003年に香港への個人旅行を中国政府が解禁した
ことが大きな要因であり，2003年では外国人旅客数は1,000万人に満たなかっ
たものが，その後毎年ほぼ100万人以上増加してきていた。

　香港は，アヘン戦争を契機にイギリスの植民地となっていたが1997年イギ
リスから中国に返還されている。1950〜1980年は年平均9.5％の経済成長率
をみせ，1993年には，一人当たりGDPでイギリスを抜くほどになった。高度
成長を支えたのは輸出であり，1950年代は繊維製品，1960年代は玩具，履物
などの雑製品，そして1970年代は電子・電気部品など機械機器が輸出拡大の
役割を担った。1980年代末には人手不足や賃金の高騰などから生産工程は中
国本土の子会社や委託工場で行われ，香港は国際金融センター，物流基地，中
国とのビジネスのオペレーションセンターに変貌していった。その後中国の景
気拡大と共に香港経済も活況を見せており，最近は，貿易，金融，不動産，観
光，流通などのサービス産業がGDPの90％以上を占めている。一人当たり
GDP（IMF統計）では1990年13,281ドルであったものが1997年には27,216ド
ルと倍増している。1998年アジア通貨危機，2003年SARS（重症急性呼吸器症候
群），2008年リーマンショックの影響を受け前年比で下がったことがあったが，
それ以外順調に伸び2017年では46,080ドルにまで伸び高所得となっている。

　2008年のリーマンショックに対しては中国政府が実施した「4兆元投資」で
中国からの不動産投資が盛んになり不動産価格が急騰した。香港は利用可能な
土地が狭く，地価がもともと高いため，住民の居住面積も小さく貯蔵スペース
が乏しい。このため大容量で商品を販売するディスカウントストアやハイパー
マーケットのような小売業態の存続にも影響を与えている。返還後50年間は
香港の政治体制を変更しないという「一国二制度」が実施されているが，2014
年に行政長官の選挙制度を巡り約2ヵ月半大規模なデモが起きた。

① 地価が大きな影響を与えるグローサリー

　小売りの大手では，1960 年大丸が出店し，地元の富裕層や日本人ツーリストを主な顧客としてきた。特に後者は日本人の海外パックージツアーが拡大していく 1960 年代後半急増したため，1973 年には伊勢丹が 1974 年には松坂屋ができ，その後は三越，そごう，ユニー，西武，ジャスコ，ヤオハンなど日本の小売業が出ている。すでに倒産してしまっているが，一時は成功例として取り上げられたヤオハンは 1984 年 11 月香港に進出し 1989 年の天安門事件以後の 1990 年には香港に本社を移し歓迎され成功をおさめていた。

　香港の小売業に大きな影響を与えているのが不動産価格（商業用賃貸料）でありヤオハンの場合は家賃変更が進出後の 10 年目におこり，店舗面積を減らさざるを得なかった。ヤオハンの利益自体がディベロップメント事業から利益を得ていたため，その後 1997 年 11 月閉店を迎えた。1997 年はアジア金融危機が起きた時であり，大丸，松坂屋，東急百貨店なども翌年に撤退している。クッシュマン・アンド・ウェイクフィールドは毎年世界のブランドショップ街の賃料動向に関する年次調査レポート「Main Streets Across the World」を発表しているが，2017 年ではニューヨークの 5 番街が 1 位であり，香港のコーズウェイベイ（銅鑼湾）が 2 位となっており，5 位の銀座に比べ約 2.3 倍の高さになっている。

　小さな国土面積に加え 25％程度しか陸地がないため，住宅は狭く，車の保有率も低く，人口 1,000 人当たりの自動車保有台数は 92 台で買い物行動圏も狭い。ハイパーマーケットのカルフールは 1996 年に 1 号店を出店に，その後 4 号店まで増やしたものの 2000 年に撤退しており，ハイパーマーケットのような業態には適していない。2017 年近代的小売店としてはスーパーマーケットが 829 店，コンビニエンスストアが 1,339 店など合計で 2,309 店あり，グローサリーの売上の 60.7％を占めている。

　2017 年の店舗数では 7-11 が 938 店と断トツで，サークル K が 332 店，ウェルカム（スーパー）が 280 店と多い。売上では，財閥系小売のコングロマリッ

トが，同じ財閥系列の不動産会社の物件に入り力を持っている。大手のグロー
サリーとして，デイリーファームインターナショナル（DFI）社と AS ワトソ
ングループがある。前者はウェルカム（スーパー）やジャイアン（ハイパー）や
7-11，さらにディスカウントショップなど多くの業態を展開している。後者は
パークンショップ（スーパ）やワトソン（ドラッグストア）やグルメ（高級食料品
店）などを経営している。グローサリーに関しては，各々グローサリー店総数
の売場面積のほぼ1割を保持し，売り上げでは各々17％前後を占めている。

②　日常化しているフードサービス
　昔は，お粥や麺類を屋台で提供したり，弁当屋，仕出し屋が外食を提供して
いたが1970年代にファストフードが出現してきた。屋台よりも清潔であり，
当時は電話の無料サービスがあったことやクーラーで涼むこともでき若者を中
心に増加していった。シンガポールと同様に共働き世帯が多く，住宅事情から
キッチンやダイニングは狭いことが多く外食頻度も高く日常化している。
　香港政府統計ではフードサービス店は，中華料理店，中華以外の店，ファス
トフード，バーなどという分類されているが，1987年の売り上げでは中華料
理店が73％と大半を占め，中華以外が18％，ファストフードが7％，バー・
その他で2％であったが，1991年には，それぞれ65％，20％，12％，3％と短
期間でファストフードが伸びている。
　2017年ではフードサービス店は約1.6万店（ユーロモニター）であり，人口と
比較すると，図表5－3の国・地域の中では店舗数が少ない方であり，1店あ
たり人口は475人とアジアの他の国・地域と違った特徴を持っている。
　グローサリーで既述のように世界の中でも屈指と言われるほど商業物件の家
賃が高額なため，香港資本，海外資本に関係なく家賃の高騰により移転，閉
店，廃業にいたるフードサービス店も多い。日本貿易振興機構（2011）による
と，不動産価格が高い香港では，人通りが多く来客数が多く望める路面店に店
舗を構えることは家賃も高く経営が圧迫される可能性が高いので，飲食店の集
まるビルやショッピングモール内に飲食店を構える機会が比較的多い。そうし

たビルやショッピングモールのオーナーのほとんどは，不動産ディベロッパーであるため，どの不動産ディベロッパーと手を組み，いかに上手く付き合っていくかが飲食店経営の方向を左右すると言っても過言ではないとしている。

　香港政府統計処による調査（2017年3月）では16,700店あり，メインは中華料理店で4,690店と圧倒的であり，広東料理，上海料理，北京料理など高級店から庶民的な店が存在する。香港は免税品の多い買い物天国として旅行者をひきつけてきたが，グルメに対する需要に応えるため中華料理に加えフランス，イタリア，日本など各地の美食を提供する店があり，日本食を提供する店も1,300店（香港政府統計処2016年）と多い。ユーロモニターによる『2017年版世界の観光都市トップ100』では，香港は世界の観光都市の第1位を8年連続維持しており，2016年の実績は2,655万人になる。同年の日本の外国旅行者受け入れ数は2,404万であるから，日本全体を上回っており，この面での需要も大きい。

　フードサービスのチェーン店の販売額シェアでは，マクドナルドが11.7％，コラルが11.2％と2大勢力となっている。店の数では，7-11，サークルKに次ぎマクドナルドが232店，コラルカフェが159店，スターバックスも155店などであり，100店を超えるチェーンは10ブランドしかない。マクドナルドに次いでいる大家楽集団（カフェ・ド・コラル）は中国にも進出している。また美心集団（マキシムグループ）はスターバックスや元気寿司を展開している。最近は食品配送サービスが発達してきている。

C　韓　国

　1948年大韓民国が樹立し，朝鮮戦争（1950-1953年）が休戦後はアメリカからの経済援助を受けていた。その後援助依存から自立化を目指し繊維工業など軽工業を中心に発展し，1970年代からは重化学工業でも力をつけたことで急速な経済成長を遂げ「漢江の奇跡」（漢江はソウルの中心を東西に流れる川であり，ソウルや韓国のシンボル的意味合い）と呼ばれるほどであった。高度経済成長とともに中産階級も育ち1987年には民主化宣言も出されている。1970年代末には経済

発展が著しい香港，台湾，シンガポール，韓国はアジア NIEs（Newly Industrializing Economies, 新興工業経済地域）とかミニ・ドラゴン（4 小龍）として注目された。1988 年にはソウルで東京（1964 年）に次ぎアジアで 2 度目の夏季オリンピックが開催され，1996 年には経済協力開発機構（OECD）に加盟しており先進国の仲間入りを実現した。しかし翌年に起きたアジア金融危機の影響を受け IMF の支援を仰ぐことになり，企業構造改革，金融改革，労働改革，公共部門改革という経済改革が実施され財閥も淘汰された。その後韓国の一人当たり国民所得が 2 万ドルを超えたのは 2007 年で，人口が 5,000 万人を超える「20-50 クラブ」に入った[8]。人口は約 5,062 万人（2015 年）であるが出生率が低下し高齢化が進んできている。

　韓国では，士農工商の階層組織があったため商業蔑視意識が存在していた。このため小売業やフードサービス業に対する社会的評価が低く，職業として長期に継続させたいという人は少ないと言われる。川端（2006）は韓国を「老舗」のない国と表現し，フランチャイズの契約期間も日本の 7-11 が 15 年であるのに対し，韓国では 5 年というように短く，当面の生活手段としてとらえられていることを指摘している。

　①　近代化したグローサリー

　簡単に業態の歴史を素描すると，小売りの代表である百貨店として 1930 年に日本の三越百貨店が最初にできた。しかし 1945 年に撤退した後では経営ノウハウなどは引き継がれていなかったため寄合百貨店となっていた。三星グループが 1963 年に東和百貨店として引き受け 1969 年に新世界百貨店と商号を変更運営していった。その後 1979 年のロッテ百貨店が韓国の百貨店の歴史に革命的な変化をもたらし，従業員がお客に笑顔で接したり頭を下げるようになったことや，食堂街やイベント会場を設けたり，ワゴンセールも始め百貨店を楽しく明るいものにした[9]。

　また 1968 年にセルフサービスによるスーパーマーケットが政府主導で生まれ，その後も流通近代化計画が立てられた。しかしスーパーの価格水準は，在

来市場に比べ高かったため，顧客は高所得者層中心で，発展は遅れた。また名前はスーパーと名乗ってはいるがチェーン化していない零細店が多かった。それに対して在来市場が昔から重要な役割をはたしていた。生鮮食品や衣料，雑貨なども販売，1989年1,216ヵ所あり，小売り販売額の約8割を占めていた。

白（2009）は，日韓の間では小売り業態のキャッチアッププロセスは20年ほどの時差をもって行われ，日本では1960年代から70年代に大衆消費市場が実現したのに対し，韓国では1980年代半ばからと記している。既述のように1988年にはソウルオリンピックも開催されており，また海外旅行の自由化が1989年から実施されている。このような状況からブレンダ（2009）は1990年代半ばまで，韓国には2つの小売り業態しか存在していなかった。一つは百貨店で，もう一つは従来型のパパママストアであるとしている。

その後に新業態として生まれたのが，1989年のコンビニエンスストアであり，さらにディスカウントストアとして1993年に新世界系のEマートが出現している。歴史を辿るとコンビニエンスストアは1982年ソウルでロッテセブンが開業したが3号店までで1984年閉店している。1989年サウスランド社と提携し7-11が開業後ファミリーマートとミニストップは韓国企業とフランチャイズ契約を結び1990年に進出している。Eマートはアメリカのディスカウントストアと日本の総合スーパーを参考とした韓国型の量販店になる。韓国の消費者は新鮮さを重視して生鮮品は毎日購入することが多いため，それに対応した業態でないと成功はおぼつかなかった。さらに本格的な流通近代化が進展するのは1996年からの小売業の資本自由化によりカルフール，ウォルマート，テスコなどのグローバルリテイラーが参入し様々な業態間競争が生まれた後になる。

1997年のアジア通貨危機以後ではディスカウント店が発展し，2003年には百貨店を抜く業態にまで成長していく。またこの金融危機から職を求めてコンビニエンスストアの加盟店となるものが増えていき，1998年2,060店であったが2000年2,826店，そして2005年には9,085店と1万店近くになり，その後も増加し2017年では3.8万店をこえている。コンビニエンスストアの数と人

口（2017年）の割合を比較すると1店あたり人口が1,345人であり，最近過剰気味と言われる日本の1,798人を下回っており，非常に多くのコンビニエンスストアが存在している。日本と比べると平均店舗面積は狭い。なおウォルマートとカルフールは2006年に撤退している。また韓国では買い物の決済にあたりクレジットカード普及しているが，1999年以降政府がカード決済をすると税額控除など様々な特典を与えたためである。ちなみに2015年度民間最終消費支出に占めるクレジットカード決済比率をみると日本は16.6％に過ぎないが韓国は72.3％にも及ぶ。

　グローサリーは，2017年で21万店存在する。近代的小売店（モダングローサリー）は4.8万店あり，そのうちコンビニエンスストアは3.8万店（CUとGS25が各々1.1万店以上，7-11が8,944店と，この3社で85％を超えている），ハイパーマーケットは456店，スーパーマーケットが9,768店存在するものの，伝統的な店が約16万店で77％もある。コンビニのCUは，ファミリーマートの韓国におけるエリアフランチャイザーである普光ファミリーマートが2012年以降ファミリーマートとのライセンス契約を解約しCU（CVS for you）に店名変更したものである。グローサリーの販売額では近代的小売店（モダングローサリー）が80％を占めるまでに至っている。グローサリーではEマートがトップで，ホームプラス，ロッテ，それにコンビニエンスストアの3社（CU，GS25，7-11）が続いている。なお「世界の小売業ランキング2017」（デロイト）の上位250社では，ロッテが41位，Eマートが86位，ホームプラスが163位と上位に位置している。

②　急増過多のフードサービス店

　既述のように朝鮮王朝が儒教に基づく国家運営を行っていたため商業活動は蔑視され発達しなかった。本格的な朝鮮料理を提供するフードサービス店ができるのは20世紀初頭であり，庶民の生活に定着しているものに屋台がある。屋台にはノジョム（露店）とポジャンマチャ（布張馬車）がある。前者はトッポッキ，キムパプ（韓国式海苔巻き）などの軽食やおやつ類を販売し，立ち食い

第5章　ミールソリューションの国際比較 ○────── 151

が主となる。後者は可動式の飲み屋で，簡易テーブルや椅子を置き，周囲をビニール幕などで覆うことが多い。メニューは酒肴となるモツや魚介の炒め物，スンデなどから，スープや麺類まで幅広く，現在でも数多く存在している。

　そのフードサービス店が生業から企業として成長し始めるのは1970年代の後半からであり，1980年代がフードサービス産業の本格的発展期になる。勤労者世帯の月平均食費支出では，1980年は外食費が1.8％であったが1990年に7.0％となり，1996年には10％に増えていく。

　ファストフードでは，すでにフライドチキンのチェーン店が1975年にできていたが，1979年にロッテショッピングセンターの開業と同時にロッテリアの1号店ができている。その後1980年代半ばには海外のファストフードブランドの参入（KFC，バーガーキングは1984年，ピザハットが1985年，マクドナルドは1988年開店）や，1988年ファミリーレストランのココスの開店や1989年のコリアセブイレブンにみられるようにコンビニエンスストアも開店してきている。1988年にソウルオリンピックが開催されたが，同年ドトールコーヒー（1996年撤退）その後も1992年にT.G.Iフライデー，1994年すかいらーく（2006年撤退），1999年スターバックスが梨花女子大の前にオープンというようにコーヒーショップやファミリーレストランの進出が相次いだ。また1990年代は外食業の国内ブランドも韓国人の嗜好に合うようブランド展開していった。

　統計庁による外食産業のデータ（1982～2009年）を見ると1982年の事業者数は207,080店で，従業者数は521,508人に過ぎなかったが1996年には各々520,576店と1,254,367人のように約2.5倍になっており，店数は2003年に60万を超えている。売上も1990年の10兆ウォンから1997年には30兆ウォンに増加している。その後1997年の金融危機により一時的にマイナスとなったが2002年40兆ウォンとなり，2009年では69兆ウォンにまで拡大してきている。人口とフードサービス店の割合の推移をみると1986年では1店あたり190人であったが，1990年には144人となり，1996年には87人，そして店数が最も多かった2003年には79人にまで落ち込んでいるが2009年には85人とわずかに増えている。図表5－1にあげた20ヵ国・地域の中で1店当たり人口が

100 人を切っているのは韓国と台湾だけであり，フードサービス店の過多性が際立っている。

このようなフードサービス店の急増の背景として，アジア通貨危機がある。大手企業から大量の解雇者や退職者が増え，その人たちがフランチャイズに参加することで，フランチャイズ本部や加盟店の急増を生むこととなった。このため韓国国内にはチキン店が 3 万 6,000 店（2013 年）もあり，全世界のマクドナルドの店舗数よりも多いとか，韓国国内には約 9 万店のカフェが存在しコンビニエンスストアの 2 倍も存在するという報道もなされている。しかしフードサービスは参入障壁が低いため廃業率も高く 3 年以内の廃業は 19.7％にも及んでいる[10] 日本のフードサービスブランドでは，1989 年ドトールがフランチャイズで進出し 33 店まで拡大したが 1996 年撤退，すかいらーくも 60 店舗まで増えたものの，進出から 12 年で撤退している。

このように国内では競争が激しいため積極的に海外展開する企業も多く政府も韓国フランチャイズ協会を通して様々な支援を行っている[11]。

5．混成型の国・地域

上記においては，フードサービスが未発達な国と非常に発達している国・地域についてアジアの国々を中心にみてきた。次に店の数はフードサービスが多いものの，売上はグローサリーの方が多い国・地域を，混成型と呼び特徴を見てみる。

図表 5 - 1 でドイツ，フランス，イギリス，イタリア，スペイン，カナダ，アメリカ，メキシコ，オーストラリア，韓国，中国，日本，台湾の 13 ヵ国・地域となる。また図表 5 - 3 では，スイス，ノルウェー，フィンランド，デンマーク，イギリス，カナダ，スェーデン，オーストラリア，ニュージーランド，アイルランド，オーストリア，アメリカ，ギリシャ，イタリア，スペイン，UAE，日本，韓国の 18 ヵ国・地域となる。このうちヨーロッパの国々については相原（2015）で素描している。ここではアジアの主要国についてみて

みる。

A 中 国

1949 年中華人民共和国が建国され，社会主義経済の下で中央集権的な計画経済が実施されたものの政治の混乱もあり経済発展もあまり見られなかった。1978 年鄧小平による改革開放政策が行われ，部分的に市場経済を利用することとなり，地方分権化も進んだ。その後 1980 年代経済成長期を迎え 1992 年の南巡講話を契機に改革開放が進み「世界の工場」の役割を果たすまでになった。そして 2001 年 12 月 WTO（世界貿易機関）に加盟したことで外資企業の参入が拡大し流通近代化が進んでいった。2008 年リーマンショックを受け低成長となるが，暮れに 4 兆元（当時のレートでは 57 兆円）の緊急景気刺激策，大型公共投資を実施し，また 2008 年には北京オリンピックが 2010 年には上海万博が開催されている。2010 年には日本の GDP を上回り世界第 2 位の規模となった。一人当たり GDP は 1980 年 309 ドル，1990 年 349 ドルと 500 ドルにも満たなかったが，2000 年には 959 ドル，2010 年 4,524 ドル，2017 年 8,643 ドル（IMF 統計）と上昇してきている。李（2016）によると 1978 年都市部は 57.5％，農村部は 67.7％であったエンゲル係数は 2013 年それぞれ 35.0％，37.7％となっており，必需品から奢侈品への消費が増加している段階にあるとしている。

① 急変中のグローサリー

1970 年代までは，国営の小規模店舗や品揃えの乏しい百貨店が小売りの中心で，食料品の購入は「平均分配カード」による引き替え制が実施されていたが，1978 年以降経済改革が推し進められ，農民が余剰生産物を販売する自由市場や私営商店が出現してきた。

中国の流通近代化プロセスを鐘（2009）は 5 段階に分けている。(1) 計画経済期以前の段階（1949 ～ 1952 年），(2) 計画経済期（1953 ～ 1977 年），(3) 経済改革段階（197 ～ 1991 年），(4) 社会主義市場経済転換段階（1992 ～ 2000 年），(5) WTO 加盟後段階（2001 年以降）である。70 年代後半から起きた開放化政策は製造業

が重点であったため，流通近代化を促進するにあたって大きな影響を与えた外資は上記の (4) の段階から参入してきている。

　また謝 (2000) は 1992 年前後の中国の流通構造と日本を比較し小売りの零細性や店舗密度が低いこと指摘している。当時の小売業は，国営商店，集団商店，合資商店，個人商店の資本所有形態の違いで生産性格差も大きかった。また卸売業の規模も零細であった。

　1992 年には外資に対し「漸進的開放」がなされ 5 つの経済特区と北京，上海，広州などの都市で合弁事業が許可されている。この外資導入に先立ち 1991 年 5 月には上海で初めて聯華超市が開業しており，この時期が小売り近代化のスタートといえる。また中央政府以外にも地方政府が独自に認可することもあった。1995 年進出のカルフールは，その例であり，1996 年ウォルマート，日本企業では 1996 年イオンが広州市の天河地区で，また 1997 年イトーヨーカ堂が四川省成都で開業している。このように 1990 年代後半には，日本の小売企業はもちろん，世界の有力な小売企業が中国に進出していく。その後 1999 年からは「全面的開放」段階であり流通業の資本自由化が原則的に認められ，外資の出資比率の制限はあるもののチェーンストア経営が可能になった。

　さらに 2001 年 12 月 WTO 加盟で流通分野の競争が促進され，2004 年には外資比率が 100％のものも認められていき外資が勢力を拡大していく。完全開放までには 13 年をかけており，その間に現地企業も百貨店やスーパーを中心に大同団結し外資からの経営知識の移転を図り発展してきている。中国での小売り業態の発展は，日本のように量販店，専門店，ディスカウンター，コンビニエンスストアのように時の経過を経た段階的展開ではなく，同時多発的展開であった。

　また大手外資が参入の際採用した「低コスト高収益」のモデルが，大規模小売り企業で取られる取引慣行となっている[12]。これはチェーン小売業がサプライヤーから徴収するもので，通道費とか入場費と呼ばれている。小売りの売り場スパースの使用権を確保するためや，販売促進費などの費用としてサプライヤーに求めるものであるが，多種多様な形で徴収され，その恣意性や不透明性

が問題となり，商業賄賂とも関連し取り締まりの対象にもなったことがある。

グローサリー店は2017年ではおよそ370万店あり，近代的な店としてスーパーが13.5万店，コンビニエンスストアが4.6万店，ハイパーマーケットが6,000店あるものの，伝統的なグローサリー店は344万店と全体の93％近くを占めている。ところが販売額でみると近代的店は67％，伝統的店が33％となっている。

また急成長しているのがネット通販である。これは2015年に李克強・国務院総理のもと，「互聯網＋（インターネットプラス）行動計画」が策定され，インターネットを各産業と融合させ，新業態や新ビジネスの創出を図ることが促進されていることが要因である。そこでは11の重点分野が示されたが，その一つに電子商取引があり，中国は世界一の市場規模となった。2015年の中国のネットショッピングのユーザー数は4億1,300万人，その市場規模（B2C）は3兆8,800億元に達し，小売総額に占める電子商取引の割合は12.0％と米国（8.0％）を上回るほどになっている。今後ネット通販によるグローサリー部門への影響も大きいと予想される。

② 拡大化が進むフードサービス

中国の料理には様々な分類方法があるものの，4大菜系として広東料理，北京料理，上海料理，四川料理が有名である。なかでも広東料理は素材の範囲が広く料理の種類の豊富なことで知られている。

石毛（2011）によると中国は，世界でもっとも早くから外食施設が発展した国であり，前漢中期から各地に酒を売ったり，料理を食べさせる施設ができていた。宋（960年 - 1279年）の時代には，商業とともに外食文化が発展し，麺類だけの店や北方料理の店など専門店が数多く存在し，早朝から深夜まで営業していた。「商売人の家では食事ごとにそういう店から料理を取って間に合わせ，家には総菜を用意しないものが多い」とも記されている。また飲食をしながら歌舞を楽しむなど遊興としての外食も盛んであった。

このように古代から続いている食に対する探究心が，中国の食べ物を世界に

冠たるものに育ててきた。華僑の進出とともに東南アジアを始め，多くの国に中華料理が発展してきている。

　しかし目を国内に向けるとフードサービス分野は国の政策の影響を受けて大きく変貌してきている。姚（2015）は1950年代から社会主義的計画経済体制が実施され，ごく一部の国営飲食店を除き，多くの飲食店が閉鎖され，それが1970年代末まで続いていたとしている。しかし1980年代以降改革開放政策が実施されたことにより回復基調を見せ1988年には145万店となっている。

　姚は中国商務部のデータをもとに外食市場規模の推移を明らかにしているが，1980年は80億元であったものが，1990年420億元，そして1999年3,200億元と，20年間で40倍にまで拡大し，その後も順調に増加しており2011年には2兆元を超えるまでになったとしている。都市部住民一人当たりの食費に占める外食割合は1993年8.7％でしかなかったが2013年には21.8％にまでのびており，特に経済発展の速い沿岸地域で外食市場の拡大が顕著である。

　このような環境変化の中で外国外食大手企業としては，1987年11月北京の天安門広場に近い場所でKFCが当時としては世界最大の505席で開業し，1990年にマクドナルドも進出している。また中国式のファストフード（麺類，点心類など）も成長が著しい。

　ユーロモニターによると2008年530.2万，2011年では657.5万のフードサービス店であったものの2017年には920.8万店に増加している。国土が広く地域ごとの嗜好も多様であり，地域に根差したチェーンも多いが，全国チェーン店（2017年）をみると，KFCは5,330店，スターバックスは2,902店，マクドナルドは2,690店になる。また台湾系のハンバーガー・チェーンの徳克士（dicos）は地方都市に強く2,550店ある。さらにコンビニエンスストアのファミリーマートが2,100店，7-11が1,536店と増加している。

　さらにネット通販同様に急成長しているのが，フードデリバリーである。「2016年中国外売O2O業発展報告」（iResearch）によると，2010年にはわずか586億元だった市場規模は，2015年には2,391億元に達している。それに伴い，外食産業全体に占める割合も，2010年の3.3％から2015年には7.4％へと高

第5章　ミールソリューションの国際比較　○──── 157

まっている。

B　日　本

　第2次大戦敗戦後の日本経済の目標は，先進国に追いつけ追い越せであった。戦後主要な経済諸指標が戦前の水準を超えたのは1950年代半ばであり，1964年にはOECD（経済協力開発機構）に加盟し，先進国の仲間入りをした。1968年にはGNPでドイツを抜き世界2位になり，1973年に第一次石油ショックが起きるまで平均して10％を上回る成長率が続いた。その後は安定成長を迎えるが1985年のプラザ合意後の金融緩和により1980年代後半はバブル経済を経験する。

　1990年代になるとバブルが崩壊し低成長，デフレの時代となり，安さやコストパフォーマンス（費用対効果）を誇る商品・サービスがもてはやされた。1990年代後半になると保有株式の低下や不動産のバブル崩壊に伴い銀行の不良債権問題が深刻化し，倒産する大手金融機関が続発するとともに，金融機関同士の合併・統合が進んでいった。また1999年〜2000年初頭は世界的にインターネット関連の株が急上昇し，インターネット・バブル（ITバブル）が発生している。2001年に誕生した小泉内閣は，市場原理を重視し，「小さな政府」への回帰を目指す構造改革を進めた。その後は景気回復の兆しを見せたものの2008年9月にリーマンショックが起こり日本経済の状況も一変し，外需の大幅な減少に伴う企業部門の急速な悪化が始まったが，2009年1−3月期に底入れし，持ち直しに転じた。実質GDPは2011年前半に大震災の影響で一時的に減少したものの，その後も増勢を維持し，第2次安倍内閣が発足した2012年12月から「緩やかな景気回復基調」が続いている。

①　ボーダーレス化するグローサリー市場

　第2次大戦後における日本のグローサリー店は零細過多の代表で，1954年では鮮魚小売り，野菜・果物小売り，菓子パン小売りの店数は約62万店あり，小売店の半分を占めていた。しかし高度成長期にアメリカを模範として，新し

い小売り形態が登場してきた。セルフサービス店としては紀伊国屋が1953年に誕生しており，スーパーマーケット第1号として1956年丸和フードセンターが九州で生まれている。このような動きは1960年代に流通革命論としてマスコミを賑わすようになった。

1968年に日経流通新聞による小売業ランキング調査が始まっているが，当初のランキング上位は老舗百貨店であった。流通革命の担い手であった総合スーパーのダイエーがランキングの1位となったのは1972年であり，その時の店数は90店であった。ダイエーは1979年には売り上げ1兆円を突破するまでに成長を見せた。その後食品スーパーや総合スーパーが増大し，その結果零細店が減少していく。

事業所統計では飲食料品小売りは1978年の約78万店がピークで2006年には43.2万店へと減少してきている。グローサリーの主役は1970年頃から菓子，鮮魚，食肉，野菜，果実などの専門店から総合的な品ぞろえを誇る食品スーパーへ移り，その動きが1980年代以降加速していった。一方グローサリー店の退潮とは対照的に増加したものに料理品小売業があり，1972年は1万店に過ぎなかったものが1999年まで一貫して増加し7万店近くまで増加していった。その後は産業分類の変更があり，一部がコンビニエンスストアとして集計されることとなり店数は2007年で約4.3万となっている。

総合スーパーや食品スーパーの急拡大は1974年施行の大店法を生むことになるが，大店法による規制以下の売り場面積であるコンビニエンスストアが1970年代に着実に増加していく。コンビニエンスストアは中食に力を入れ始め，グローサリーの販売で欠かせない存在感をみせるようになる。セブン・イレブンでみるとファストフードの売り上げ割合は1980年11.9％でしかなかったが，1995年には30.6％と主力分野になっている。

1990年度で，当時飲食業ランキング1位の日本マクドナルドは1,754億円の販売額であるが，すでに7-11のファストフードの販売額は1,975億円であり，その後は販売額の格差は大きくなるばかりである。

2007年の商業統計で食品小売りの販売額は，44.2兆円であり，食品スーパー

が17兆円，コンビニエンスストアが7兆円，業種店である食料品専門店・中心店が12.6兆円となっており，食品スーパーとコンビニエンスストアで6割を占めている。

ユーロモニターによると2017年グローサリーは約30万店であり，近代的小売りが8.7万店でと全体の28％であるが，販売額では80％を超えている。そのうちスーパーが50％，コンビニエンスストアが30％デ，コンビニエンスストアは近年伸び率を増している。店数では7-11は2万店，ファミリーマート，ローソンが1.3万店を超え，有力な食品スーパーが各々250〜300店存在する。スーパーの中には，店内で扱う食材を調理し飲食ができるグローサラント（グローサリーとレストランによる造語）という業態も生まれてきている。

②　業態多様化したフードサービス産業

半世紀前は家庭内での食事が中心であり，外食はハレの日に楽しむ程度で，日常化するほどではなく1951年ではフードサービス店は12万店に過ぎなかった。当時の人口比でみると約700人に1店しかなかった。既述のように2017年のインドではフードサービス店が560人に一店であることを見たが，そのインドよりも人口当たりの店数が少なく未発達であった。しかしバブル経済末期の1991年には84万店となり40年間で6倍以上に達し，人口比では約170人に1店となっており，グローサリー店とは1981年に店数が逆転し，以後はフードサービス店が多くなっている。

事業所統計で長期の店数の推移をみると，1960年代から増えたものの，すでにピークを迎えたものとしては喫茶店（1981年がピーク），バー・キャバレー・ナイトクラブ（1991年がピーク）があり，長期にわたり店数が安定している業種として，そば，うどん店，すし店がある。また店数が減り続けているものに料亭がある。そして数が着実に増加してきて今は安定しているもの業種として食堂・レストラン，酒場・ビヤホールがあり，この2業種でフードサービス店の半分以上を占めている。

フードサービス分野では，1969年飲食業の外資自由化が実施されるととも

にアメリカを中心とする外食チェーンが技術提携や合弁などの形で参入してきた。またアメリカでの視察経験をもとにファストフードやファミリーレストランをチェーン展開する企業も増加し，1974年には業界団体である日本フードサービス協会も発足している。さらに1970年代後半から1980年代にかけては代表的外食企業が上場し社会的にも認知されるようになった。1981年には外食産業総合調査研究センターが誕生し外食産業の市場規模調査が継続的に行われるようになった。また1980年代は居酒屋市場が若者や女性を顧客として拡大し，バブル期にはグルメブームで高級フレンチやイタリアンレストランも増加していった。

　その後バブル経済が崩壊した時に停滞はあったものの1990年代半ばまで外食市場規模は拡大していった。21世紀を迎えるとフードサービス産業においても創業者が引退し，経営者の交代がおき，業態も細分化してきている。

　食の安全・安心財団による「外食率と食の外部化率」の推移をみると食全体のうちで外食費が占める割合は，1978年には30％を超え，2015年でも35％とミールソリューションの手段として安定した地位を占めている。家計の飲食料費に占める広義の外食費（料理品小売業を含む）の割合である食の外部化率は1977年に30％を超え，2015年では43.9％となっている。

　また1970年代から回転すしを始め日本食が世界に普及し始め海外進出する企業も増加してきている。フードサービス業界では2015年のミラノ博では日本館が好評であったこともあり，同年を「日本食グローバル化元年」と位置付けている。グローバルという観点では2015年には訪日外国人数（1,973万人）が日本人海外旅行者数（1,621万人）を上回り，フードサービスに対するインバウンド需要も増加してきている。

　2017年の消費者向けフードサービス分野の企業別シェアでは7-11が12.5％，ファミリーマート・ユニーが5.9％，ローソンが5.0％，マクドナルドが4.1％，ゼンショー3.8％，スカイラークグループ2.9％のようであり，コンビニエンスストアのシェアが高い。

C 台 湾

人口は約 2,355 万人（2017 年）で九州とほぼ同じ面積である。一平方キロメートル当たり人口密度は 650 人で世界では 16 位と高い方である。

台湾が清国に組み入れられたのは 1684 年以来であるが，日清戦争勃発後に日本が勝利して 1895 年に下関で日清講話条約が締結され，台湾の日本への割譲がなされた。その後太平洋戦争における敗北により，日本の台湾支配は 1945 年に終わり，以降，台湾は国民党政権の支配下に入った。国民党は 1986 年まで戒厳令をひいていた。経済面では 1953 年から連続して 6 期の 4 ヵ年経済建設計画を実施し，著しい経済発展を遂げた。1973 年に第 1 次石油ショックが起きたため，6 ヵ年計画に改め経済構造の変革を推し進めた。その結果 1980 年代には韓国，シンガポール，香港と共にアジア NIES（新興工業経済地域 Newly Industrializing Economies）として発展していった。1986 年にはサービス業の就業人口が工業部門の就業人口を上回っている。

GDP（IMF 統計）で 1990 年以後をみると 1997 年のアジア通貨危機と 2000 年の IT バブル崩壊，そしてリーマンショックの影響を受けた 2009 年は前年比マイナスであったが，その後は順調に成長している。一人あたり名目 GDP（IMF 統計）では，1990 年に 8,178 ドルであったが 1992 年 1 万ドル台にのせ，2000 年に 14,877 ドル，2010 年 19,262 ドルそして 2017 年では 24,292 ドルに達している。

① 外国企業との提携で成長するグローサリー

戦後から 1950 年代は個人商店や，伝統的な市場，屋台，夜店など零細企業が中心であったが，第 2 次大戦後は近代的な小売店が増加してきている。鍾（2005）は一人当たり GNP と小売業の発展の関連性を見ている。それによると一人当たり GNP が 1,000 ドルを超えた 1970 年代は百貨店が成長し，3,000 ドルを超えた 1980 年代にはスーパーマーケットが成長していった。1 号店についてみると最初の百貨店は 1949 年に台北市にできた建新百貨店になる。1971 年に頂好スーパーマーケットができ，1980 年には台北市に 7-11 が開業してい

る。コンビニエンスストアが成長するのは GNP が 6,000 ドルを超える 1988 年頃からからになる。

その前後の 1986 年に流通サービス業の資本自由化が行われ 1987 年にはそごう百貨店，1988 年ヤオハンやファミリーマートも進出，翌年フランスのハイパーマーケットのカルフールやオランダのマクロ（会員制現金持ち帰り問屋を運営）も 1 号店を開店している。台湾カルフールは食品メーカーの統一企業とカルフールの合弁である。なおカルフールのアジア進出は台湾が最初になる。統一企業グループは流通近代化に積極的に取り組み，米のサウスランド社と契約して 7-11 も展開し，製造，卸売り，小売りの 3 段階を垂直統合した製販統合型企業となっている。

1990 年代以降は総合量販店，スーパーマーケット，ドラッグストアなど多様な業態で競争が行われ 2000 年代になると大型ショッピングモールが開業している。また 2000 年代は台湾の小売り企業が中国へ進出する時期でもある。

2017 年ではグローサリーは 5.9 万あまりで，近代的店舗が約 1.2 万店と 21％程度になる。そのうちコンビニエンスストアが 1 万店あまりで，スーパーマーケットが 2,061 店，ハイパーマーケットが 113 店になる。コンビニエンスストアでは，7-11 が 5,250 店，ファミリーマートが 3,130 店，台湾資本の Hi-Life 萊爾富が 1,270 店と 1,000 店を越えている。スーパーでは，全聯福利中心（PXMART）が 1998 年に設立後成長著しい。2013 年は 630 店であったが 2017 年には 925 店と伸びている。店舗数では美廉社（Simple Mart）も同期間で 346 店から 650 店と増加してきている。頂好（wellcome）は 260 店あったものが 228 店に減ってきている。しかし頂好を経営している恵康百貨股份有限公司は高級スーパーとして Jasons Market Place も 20 店展開している。ハイパーマーケットではカルフールが 64 店でトップである。グローサリーの販売額シェアでは近代的店舗で 59％を占めており，スーパーが 25.1％，コンビニが 20.0％，ハイパーが 13.7％になる。

② 成熟化しつつあるフードサービス

　上述のように食品メーカーの統一企業は海外のビジネスを台湾に積極的に導入している。1967年創業当初は小麦粉の製粉会社だったが，台湾市場が小さいため，規模拡大のためには，多角化していった。そのため副産物のふすまを原料に飼料を作り始め，大豆が必要なので，食用油事業も生まれた。その後台湾経済の成長，生活水準の上昇に連れて，即席麺やパンなども始めた。このように食品製造からスタートしたが，単なるものづくりでは立場が弱くなるという危機感から流通，飲食，サービスへ参入していった。フードサービスについて見ると1985年統一企業は三菱商事と合弁でKFCを出店している。また1997年にはアメリカのスターバックスのコーヒー店をチェーン展開，2004年にはダスキンと合弁でミスタードーナツを始めている。

　台湾も香港やシンガポールのように女性の就業率も高く，人口密度も高いため，朝食を外で買うこともあり，一日三食を外食ということも一般的になっている。

　台湾連鎖加盟協会では外食チェーンをファストフード，喫茶レストラン，一般レストラン，ドリンク店に分類している。店数は多いのがファストフードチェーンでレストランチェーンの2/3を占めている。ファストフードチェーンは，マクドナルド，KFC，TKKフライドチキン，サブウェイが大手になる。日本の吉野家や回転ずしや中華系の餃子のチェーンや朝食を提供するチェーンも多い。美而美（Mei & Mei）はその代表であるが2,000店と多い。2017年ではスターバックスが420店，マクドナルドが396店となっている。日本同様にコンビニエンスストアの惣菜，中食が急成長しシェアが高い。フードサービス分野でのチェーンの売上シェアでは，7-11が16.3％，マクドナルドが8.3％，ファミリーマート・ユニー連合が6.2％，スターバックス4.4％であり，コンビニエンスストアが浸透していることがうかがえる。

6．国際比較

　今回取り上げた32ヵ国の一人当たりGDPとエンゲル係数（消費支出に占める食費とアルコールを含む飲み物合計）の比較を見ると図表5－5のようである。一般的に豊かになるとエンゲル係数が低下すると言われる。今回取り上げた国・地域でも，ほぼその傾向がみられるものの，エンゲル係数15％前後の国々では一人当たりGDPの高さとエンゲル係数の値との関連はあまりみられない。15％前後の国々では生活必需品としての食料支出だけではなく，美味しいものや珍しいものなど趣味としての食への支出が含まれていると思われる。32ヵ国の平均のエンゲル係数は，19.1％になっている。

　図表5－5では，エンゲル係数が20％以上の国または一人当たりGDPが2万ドル程度か，それ以下の10ヵ国の国名を示してある。

　10ヵ国のうちベトナム，インドネシア，ロシア，インドはエンゲル係数が30％を超えており，消費の1/3が食費となっており，レジャーなどに費やせる余裕は十分とは言えないのが現状となっている。1924年アメリカ政府が「アメリカにおける生活費」という報告書を出したが，当時のアメリカの平均的世帯の年間支出は1,430ドルで38％が食費であったたされる。4ヵ国の内インドやベトナムはその水準に近い。ロシアは一人当たりGDPでは約1万ドルあるものの，今回比較の32ヵ国の中ではアルコールを含む飲み物の割合がもっとも高くエンゲル係数を大きくしている。

　エンゲル係数が20〜30％に入る国としてはタイ，メキシコ，中国，ギリシャ，サウジアラビアの5ヵ国になる。タイはこれから本格的成長が見込まれる時期であり，メキシコ，中国は一人当たりGDP1万ドル付近となり「中所得国の罠」の段階で以前ほどの成長は難しい時期を迎えている。これに対しギリシャとサウジアラビアは2万ドル前後となっており，豊かな国々に近づいている段階と言えよう。ブラジルは一人あたりGDPでは1万ドル程度であるが，エンゲル係数は平均的な水準となっている。

第5章　ミールソリューションの国際比較　○────165

　ミールソリューションの方法として，食材をグローサリーで購入し食事とするかフードサービス店で済ませるかという点については，既述のように図表5－2と図表5－4で見たが経済水準が上がるとフードサービス店の利用が多くなる傾向が存在すると言えよう。

　しかしフードサービスというサービスの取引は「もの」の取引が価格と品質の2次元であるのに対し，時間と場所という2次元が加わり4次元での取引になる。そのため家から離れた場所までは出かけるためのコストが高くなるが，人口密度が高いほどフードサービス店までの需要者の距離が短くなり出かける

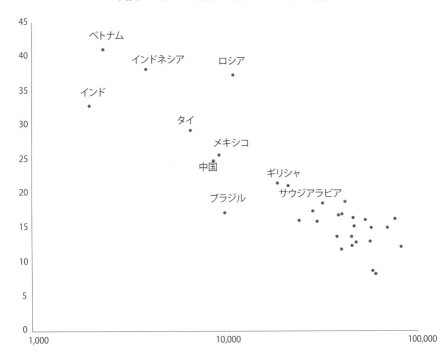

図表5－5　一人当たりGDPとエンゲル係数

（注）縦軸：エンゲル係数は2016年，横軸：一人当たりGDPは2017年（対数，ドル）
出所：エンゲル係数はアメリカ農務省（bmede@ers.usda.gov），一人当たりGDPはIMF

コストを引き下げる[13]。今回比較した国・地域の中で人口密度の高い香港とシンガポールはグローサリー店に対してフードサービスの店の方が店の割合でも，また売上でも勝っている。また台湾，韓国も人口密度が高く，グローサリーとフードサービスの店数，売上の差があまり大きくないと言える。このようにフードサービス店数には人口密度も関わってくる。

そのため図表5-6では，経済水準とフードサービス店の数，さらに人口密度の関係を見た。円の大きさが人口密度の多さを表している。

図表5-6では，経済水準が低いとフードサービス店が少ないように見えるが，経済水準が高くなるにつれフードサービス店が多くなるという直線的関係は見られない。一人当たりGDPが4万ドル以上の国・地域では100万人当たり2,000〜4,000店が多い。32ヵ国の平均は3,880店であり，100万人あたり5,000店を越えているのは韓国，台湾，中国，日本のアジアの国とギリシャ，

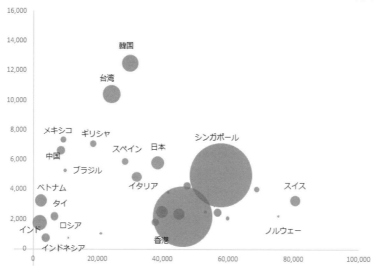

図表5-6　一人当たりGDPと100万人当たりフードサービス店数

一人当たりＧＤＰ（ドル）

（注）縦軸：100万人当たりフードサービス店，円は人口密度

第5章 ミールソリューションの国際比較 ○──── 167

スペインのヨーロッパの国，それにメキシコとブラジルの中南米の国の合計
8ヵ国になる。また5,000店にきわめて近い国にシンガポールとイタリアがあ
り，両国とも4,800店を越えている。シンガポールと香港は，ともに外食の利
用度が高い国であるが，図表5－6のように人口密度が極端に高いため店数は
経済水準の高い国と同レベルにとどまっている。

　図表5－6において100万人あたり5,000店を越える国・地域名を見ると，
食を楽しむ伝統があることが知られている。ユネスコの無形文化遺産として食
関連が2010年から登録されている。それらを挙げると2010年のフランスの美
食術，メキシコの伝統料理，地中海料理（スペイン，イタリア，ギリシャ，モロッ
コ），さらに2011年のトルコの伝統料理であるケシケキ，そして2013年和食，
それに韓国（キムジャン：キムチの製造と分配），トルコ（トルココーヒー），グルジア
（クヴェヴリ）などが続いて登録されている。このように今回研究対象とした
国・地域の中で上記のアジア，中南米，ラテン諸国では，経済水準に比例する
ことなく，フードサービス店数が多いのは，食文化の伝統が関わっていること
も一要因として挙げることができよう。

　次にフードサービスのみでなくグローサリー店についてアジアの主要国のモ
ダントレードの売上割合（2017年）を見る日本の80.9％をトップに，韓国が
79.9％，シンガポールが71.5％と70％を超え，次に中国が66.8％，香港
60.7％，台湾59％となっている。

　日本では高度成長期に流通革命がおこりモダントレードが現在は主流となっ
ているが，アジアの国々も流通の資本自由化を契機の一つとして流通革命が起
きた。流通の資本自由化は，台湾が1986年，韓国は1996年であり，その後ア
ジア経済危機が1997年に起きた後タイ，マレーシアが投資制限を大幅に緩和
している。中国も1992年に経済特区と主要都市で外資との合弁事業を認可
している。このように20世紀終わりから21世紀のはじめにアジアに「都市中
間層」が出現し，毎日の暮らしに必要な衣食住関連品を販売するハイパーマー
ケットや食品を中心に販売するスーパーやコンビニエンスストアが増加してき
ている。

食材を主に提供するモダントレードは，上記のように経済発展と並行して増加してきているのに比べると，食事そのものを提供するフードサービス提供業の規模拡大はグローサリー分野ほど順調にはいかないことが多い。石毛（2011）でも指摘されているように，食事は文化であり，それぞれが歴史的に形成され個別性を持つ民族を背景として形成されてきている。これに対し，文明とは，民族文化の違いをのりこえて普遍的なものとしてひろまっていく文化のことである。ハンバーガー・チェーンやコーヒーチェーンのグローバル化といった現象は食の文明化として，現代の世界に共通する事柄となりつつある。

食文化も常に変化をみせつつありグローサリーに比べると発展が遅かったものの国家の壁を越え文明化しつつあり，経済発展とともにサービス化が進んでいくという経済法則が進んできている。共通性や多様性を抽出，整理することで食文化やフードサービス業界がどのように変化をとげグローバル化と関わっていくか明らかにすることが今後の課題と言えよう。

【注】

1）規制の詳細については，大和総研（2015），38~41 頁が詳しい。

2）石井（1991），464 頁

3）スミヤルタ，ハイパーマーケットが攻勢をかけるインドネシア（矢作，ロス・デービス（2001），318~325 頁）

4）後藤（2014），74 頁

5）絵所（2008），162~169 頁

6）ブレンダ・スターンクィスト（2009），373 頁

7）川端（2005），127~128 頁

8）裵（2014）によると，「20-50 クラブ」という表現は韓国紙で使われ，適正人口を維持しながら経済的豊かさを実現した国を指している。

9）日本貿易振興機構（ジェトロ）ソウル事務所（2012），43 頁

10）同上，15 頁，韓国の気質を表す言葉として「鍋根性」がある。その意味は「すぐ熱くなるが，すぐに冷める」という意味だと言われる。

11）川端（2015）では，韓国を含めアジア系外食企業の進出実態を明らかにしている。

12）陳（2013）が入場費の変遷や規制の方向を論じている。

13）井原（1981）食生活と商品（104-124 頁）参照

第5章　ミールソリューションの国際比較　○────169

【参考文献】

相原修（2014），ミールソリューション－食供給業の構造変化，商学集志，第84巻第1号

相原修（2015），フードサービスの日欧比較（日本フードサービス学会編『現代フードサービス論』創成社）

朝倉敏夫（2005）『世界の食文化　韓国』農文協

阿良田麻里子（2008）『世界の食文化　インドネシア』農山漁村文化協会

イアン　マルコーズほか（2014）『経営学大図鑑』三省堂

石井米雄監修（1991）『インドネシアの事典』同朋舎出版

石毛直道（2011）『食文化研究の視野』ドメス出版

石毛直道（2013）『世界の食べもの』講談社

井原哲夫（1981）『生活様式の経済学』日本経済新聞社

岩崎輝行・大岩川嫩（1992）『「たべものや」と「くらし」　第3世界の外食産業』アジア経済研究所

絵所秀紀（2008）『離陸したインド経済』ミネルヴァ書房

エズラ・F・ヴォーゲル（渡辺利夫訳）（1993）『アジア四小龍』中央公論社

大久保孝（1992）『韓国の流通産業』産能大出版部

大塚一哉・木下光・丸茂弘幸（2008）「シンガポールにおけるホーカーセンターの歴史的変遷に関する研究」日本建築学会計画系論文集

川端基夫（2005）『アジア市場のコンテキスト　東南アジア編』新評論

川端基夫（2006）『アジア市場のコンテキスト　東アジア編』新評論

川端基夫（2011）『アジア市場を拓く』新評論

川端基夫（2015）「アジア系外食チェーンによる海外進出の実態とその特徴」日本フードサービス学会年報第20号

川端基夫（2017）『消費大陸アジア』筑摩書房

金順河・圓尾修三（2014）「日本と韓国コーヒー市場の発展過程に関する比較研究」日本フードサービス学会年報

黒田勝弘（2014）『韓国人の研究』角川学芸出版

経済産業省「サービス業等内需型産業のアジア展開支援調査報告書」2009年3月

小磯千尋・小磯学（2006）『世界の食文化　インド』農山漁村文化協会

後藤康浩（2014）『ネクストアジア』日本経済新聞出版社

佐藤百合（2011）『経済大国　インドネシア』中央公論新社

沢田ゆかり（19912）「香港の外食産業―庶民の「食」の変遷」（岩崎・大岩川編『「たべものや」と「くらし」第3世界の外食産業』アジア経済研究所）

シム・ルーリー，ラム・ソー・キム（2001）「ショッピングセンターの開発が進むシンガポール」（矢作敏行，ロス・デービス（2001）『アジア発グローバル小売競争』日本経済新聞社

謝憲文（2000）『流通構造と流通政策—日本と中国の比較』同文館出版

鐘淑玲（2005）『製販統合型企業の誕生』白桃書房

鐘淑玲（2009）「台湾の市場における小売国際化」（向山雅夫・崔相鐵『小売企業の国際展開』中央経済社）

鈴木安昭（2001）日本の商業問題，有斐閣

周達生（2004）『世界の食文化　中国』農山漁村文化協会

大和総研（2015）「平成26年度　商取引適正化・製品安全に係る事業（アジア小売市場の実態調査）」

自治体国際化協会（2015），世界に誇るシンガポールの交通政策（Clair　Report　No.421）http://www.clair.or.jp/j/forum/pub/docs/421.pdf）

張玉美（2017），香港外食産業への進出に関する考察，華南・アジアビジネスレポート66号 https://www.mizuhobank.co.jp/corporate/world/info/cndb/report/branches/kanan_asia/pdf/R421-0066-XF-0105.pdf

陳立平（2013）中国におけるチェーン小売り企業の「入場費」問題（渡辺達朗，流通経済研究所編（2013）『中国流通のダイナミズム』白桃書房）

日本貿易振興機構（ジェトロ）シンガポール事務所（2011）「シンガポールにおけるサービス産業基礎調査」

日本貿易振興機構（ジェトロ）（2011）「外食産業の動向—活気あふれる香港の飲食街」

日本貿易振興機構（ジェトロ）（2011）「台湾におけるサービス産業基礎調査」

日本貿易振興機構（ジェトロ）ソウル事務所（2012）「韓国の外食産業基礎調査」

農林水産省食料産業局輸出促進グループ「平成24年度　輸出拡大リード事業のうち国別マーケティング事業（インドネシア）調査報告書」2013年3月

裵海善（ベヘション）（2014）『韓国経済がわかる20講』明石書店

向山・崔編（2009）『小売企業の国際展開』中央経済社

矢作敏行，ロス・デービス（2001）『アジア発グローバル小売競争』日本経済新聞社

矢作敏行編（2003）『中国・アジアの小売業革新』日本経済新聞社

矢作敏行（2007）『小売り国際化プロセス』有斐閣

矢作・関根・鍾・畢（2009）『発展する中国の流通』白桃書房

姚国利（2015）『食をめぐる日中経済関係』批評社

崔相鐵「韓国市場における小売国際化」（向山雅夫・崔相鐵（2009）『小売企業の国際展開』中央経済社）

趙時英「韓国小売り業態の発展プロセス」商学研究所報，第40巻第4号，2009年

ブレンダ・スターンクィスト（2009）『変わる世界の小売業』新評論

柳澤悠（2014）『現代インド経済』名古屋大学出版会

李智雄（2016）『故事成語で読み解く中国経済』日経BPマーケティング

李美花（2015）「外食企業の国際マーケティング戦略に関する事例調査」日本フードサービス学会年報第20号

渡辺利夫（2010）『開発経済学入門　（第3版）』東洋経済新報社
渡辺利夫（1990）『概説　韓国経済』有斐閣
渡辺利夫（2009）『アジア経済読本　第4版』東洋経済新報社
渡辺達朗編（2013）『中国流通のダイナミズム』白桃書房

第6章

大規模商業施設によるまちづくりの
成功要因についての探索的研究
―fsQCA を用いた成功条件パターンの識別―

1. はじめに

　まちづくり三法（大規模小売店舗立地法，中心市街地活性化法，改正都市計画法）が2000年前後に相次いで施行され，その後見直されたことからも分かるように，都市あるいは地域の活性化は重要な問題と認識されている。こうした背景のものとで，店舗型小売業はまちづくりの重要なプレイヤーと位置づけられている（石原 2000b）。

　しかしながら，小売業（商業）とまちづくりの関わりは，これまでのところ，商業や流通の研究において主要な研究領域とは認識されてこなかったように思われる。たとえば，日本を代表する流通・マーケティングに関する学会である日本商業学会が発行する学術誌『流通研究』に近年（2008年から2018年）掲載された論文を大まかに分類してみると，最も多い研究領域は，消費者行動，次いで小売業（の戦略・マネジメント）やマーケティング・チャネル，サービス・マーケティングである。カウントの仕方は人によって様々であろうが，これらの研究領域に属する論文は，上記の期間でおおむね15～25編程度が掲載されている。

　一方，商業・まちづくりについての論文は，同期間に7編が掲載されている

が，そのうちの4編は特集号（第10巻第1·2合併号，2007年9月）での掲載である。特集号が組まれている点で，研究領域として主要な位置づけを得ていると考えられるが，特集号以降に多くの論文が継続的に掲載されているかと言うと，現状ではそうなってはいない。

　商業・まちづくり系の研究は概念的な考察が多いため，査読誌において蓄積するタイプの研究ではない，あるいは，研究アプローチが定性的であること多いため査読をパスするのが難しい，といった理由があるのかもしれない。いずれにしても，まちづくりに関する研究は，流通研究の一分野として存在感があるとは言い難い状況にある。

　とはいえ，店舗型小売業はその外部性ゆえに不可避的にまちと関わらざるを得ないことを示した石原（2006）以降，商業者とまちづくりの関わりについての枠組みや理論概念を検討することは，商業・流通研究を進めていく上で重要であると思われる。その一方で，商業者とまちづくりの関係について分析するための理論概念や枠組みの提示は，事例の蓄積と比べると，現状では立ち遅れているように思われる。

　このような問題意識のもとで，本稿は以下の構成で大規模小売商業施設によるまちづくりについて論じていく。以下，第2節では，商業者によるまちづくりについての既存研究のレビューを通じて本研究の学術的な課題を設定する。第3節で，用いる方法論の検討を行った上で，第4節で分析に用いるデータを所定の手続きに基づき作成する。第5節でfsQCAを実施して大型商業施設によるまちづくりの成功パターンの検討を行う。最後に第6節で本研究の含意と課題を指摘する。

2．先行研究のレビュー

2－1　商業者のまちづくりに関する研究

　『80年代の流通産業ビジョン』（中小企業庁，1982年）において，「コミュニティー・マート構想」が打ち出されて以降，商業者によるまちづくりに関する

第6章　大規模商業施設によるまちづくりの成功要因についての探索的研究　○─── 175

研究は蓄積され続けている。これらの研究は，大きくは3つに分類することができる。第1は，商業者がまちづくりを担うことについての理論的基盤に関する研究，第2は，流通政策とまちづくりの関係を中心的な問題とする規範的研究，そして第3は商業者の活動を中心的な問題とするリサーチ・ベースの研究である。

　商業者がまちづくりを担うことそのものに関する研究は，商業者（あるいは商業集積）のまちづくりを商業・流通研究の流れの中に位置づけるにはどうすればいいのか，あるいは商業とまちづくりはどのように関わるのかを考察している（阿部 1995，原田 2003，石原 2006，関根 2003，渡辺 2010 など）。

　流通政策とまちづくりの関係を考察する研究は，まちづくりという現象を流通政策にどう位置づければよいかといった，流通政策が商業（集積）にどのような影響を与えるかを考察した研究が多い（岩永 1995，野口 1999，宇野 2007，渡辺 2013 など）。こうした研究の中には，諸外国のまちづくり（都市計画）と政策の関わりを研究するものも多い（原田 1999，関根・横森 1998 など）。

　商業者の活動を中心的な対象とする研究は，まちづくりの成否とそれに関わる要因や要因間の相互作用に関心を向ける（畢 2014，出家 2013，藤岡 2008，石原・石井 1992，角谷 2009，田中 2006）。多くの研究は，その現実を取り巻くコンテクストを慎重に考慮しながら特定の商店街を対象としたリサーチに基づき何らかの発見とそれが示唆することを考察している。

　本研究をこれらの研究アプローチの中に位置づけるとすると，商業者主体のまちづくり活動を中心的な問題とするリサーチ・ベースの研究となる。

　このアプローチをとる既存研究において，まちづくりの成否に関わる重要な要因として発見されたことは以下の通りである。すなわち，ソフト事業，店揃え，街の組織化，街の資源づくり（石原・石井 1992），外部人材との交流，取り組みの継続性，長期ビジョンと活動計画，域内集団間の競い合い，交流相手の域外資源活用，域内資源の活用，域内・外交流（田中 2006），多様な主体（商店街組織，事業者，行政機関，NPO 等）の参画（角谷 2009），非市場領域（環境問題や医療など）の導入（出家 2013），既存リソースの維持，近隣住民（市民）参加の活

動，既存店の積極的なニーズ対応，地域と事業にコミットする企業家商人の参入（畢 2014），である。

百貨店のまちづくりを対象とした研究からは，店舗の賃貸契約（信用のある主体が長期契約する），ビジネスインフラ（POS データ，配送，荷捌き施設，保安要員，共通ポイント，駐車場，従業員教育など）の共有・活用の重要性が指摘された（藤岡 2008）。

以上の研究は，現実を取り巻くコンテクストを考慮しながら特定の商業主体のまちづくりについてリサーチを実施し，そこから得られた発見とそれが示唆することを考察している。これらの研究では，商業・流通研究に対して新たな知見を提示することに成功しており，続く研究の手掛かりになるという点で高く評価することができる。

ただし，本研究の問題関心に照らした場合，次の 2 点で，先行研究には物足りない面があると言わざるを得ない。第 1 は，商業者によるまちづくり研究は，藤岡（2008）を除き，そのほとんどが中小小売商業者を対象として行われてきたこと，第 2 は，そうした研究は特定のコンテクストに埋め込まれた単一あるいは複数の事例研究からの発見を議論するにとどまる傾向があり，商業・流通研究としての枠組みや理論概念の提示は相対的に立ち遅れていること，である。それぞれを詳しく検討しておこう。

2－2　先行研究の課題

2－2－1　研究対象の偏り

まず，商業者によるまちづくりに関する研究のほとんどが中小小売商業者を対象にしてきた点である（例外は藤岡 2008）。その理由は 3 つあると思われる。

第 1 は，商業者によるまちづくりが議論されるようになった契機と関連する。その契機とは，『80 年代の流通産業ビジョン』における「コミュニティー・マート構想」である。この構想はそもそも商店街を想定したものであるため，現実的な動きはもちろん，それに対応して研究もそちらに努力が集中した可能性がある。加えて，中小商業者のほうが大規模商業者よりも逼迫した

第6章　大規模商業施設によるまちづくりの成功要因についての探索的研究　○―――177

経営状況にあったという理由もあるだろう。

　第2の理由は中小商業の成り立ちと関わる。中小商業は，商業集積を形成することにより，商業者間で競争しつつ，同時に品揃えを補完しあうことで，集積全体として消費者のニーズを満たしてきた（石原 2000a）。この観点から，中小商業は常に外部との関係を意識せざるを得ない。周辺店舗の廃業や出店エリアの衰退は，直接，自らの衰退につながるからである。この点で，構造的に，中小小売商業者は自店舗の外部に目を向けざるを得なかった。その結果，まちづくり活動に従事する商業者のほとんどが中小商業者となり，研究努力も中小商業者のまちづくりを考察することに向けられることになった可能性がある。

　第3は，中小商業者以外の商業者，具体的には大規模小売商業者の戦略と関わる。大型商業施設は，日本において総合スーパー（日本型GMS）が成立したことからも分かるように，買い物機能を自らの内部に抱え込もうとしてきた。このスタンスでは，主たる関心ごとは自らの内部のマネジメントとなる。なぜなら，魅力的な価格・品揃え・サービス・立地をいかに実現するかが組織の成果に大きく影響するからである。この場合，自店舗周辺の商業機能は，一緒に何かを実現していく仲間ではなく，売上を奪い合う競合として位置づけられることになる。その場合は，まちづくりといった発想には至りにくい。

2−2−2　理論概念や枠組みの提示の立ち遅れ

　理論概念や枠組みの提示が立ち遅れている点については，研究方法の偏りと密接にかかわっているように思われる。先行研究では総じて定性的なアプローチが採用されており，そこから導き出された理論概念や枠組みがどの範囲にまで一般化可能なのかは不明である。小売業を取り巻く現象は，その現象が埋め込まれた状況に依存する程度が相対的に高いため，おそらく発見事項や，そこから導き出した枠組みや理論概念の一般化できる範囲はそれほど広くないと思われる。

　実際，初期の研究である石原・石井（1992）が商店街のライフサイクルモデルを提示して以降，商業者のまちづくり活動を捉えるための新たな枠組みや理

論概念は，石原（2006）が外部性という理論概念を提示するまで，商業・流通研究の基礎理論とのかかわりが明確に示されている研究を見つけることは難しい。それに対して，レビューでも見たように，事例研究をベースとした知見は数多く提示されている。

　こうした偏りが生じる理由は2つあるように思われる。第1は，商業者によるまちづくりという現象が注目されてから相対的に日が浅い点である。『80年代の流通産業ビジョン』を契機として研究が蓄積され始めたが，現象が新しいだけに，既存理論や枠組みが利用しにくく，研究は探索的なアプローチにならざるを得ない。つまり，初期の頃においては，研究対象としての新しさが研究方法を定性的アプローチに偏らせた理由であると考えられる。この理由によると，研究蓄積が進めば次第に中心的な関心は発見事項の一般化・実証研究に向かって行ってもおかしくはないと思われるが，実際にはそうした研究は積極的に行われているとは言い難い。なぜそうなってしまっているのかは，次に述べる第2の理由と関連するように思われる。

　第2は，研究対象である商業者によるまちづくりが，他の研究対象と比べてコンテクスト依存が高いという特性を持つことと関連すると思われる。商業者によるまちづくりと言っても，地域の歴史的背景，地域内での商業者の位置づけ，行為主体のリソースなど，まちづくりを取り巻くコンテクストは多様かつ多岐にわたる。そのため，商業者のまちづくりに関するリサーチ・ベースの研究は，コンテクストを考慮することが得意な定性的アプローチ（そのほとんどは事例研究）に偏ることになる。

　コンテクストを考慮した事例研究により，実証研究のためのモデルや変数を導くことができる場合，あるいは事例そのものが理論的なブレークスルーをもたらす場合には，その貢献が大いに認められる。一方で，コンテクストへの依存が高いというまさにその理由から，発見を体系化し（理論化），既存の理論と接続することが難しくなる。この問題は，こうした研究アプローチが採用された初期の頃から認識されてきた。長くなるが，重要なポイントなので引用しておこう。

第6章　大規模商業施設によるまちづくりの成功要因についての探索的研究 ○────179

　あらゆる商店街の共通する「一般モデル」を提案し，あらゆる商店街をその鋳
型に押し込むか，あるいは特定の次元から位置づけようとする試み，そしてそこ
から当の商店街に対して方向づけを与える試みに対しては十分に注意深くなけれ
ばならない。しかし，その試みの危険性を配慮するばかりで当の商店街を評価し
たり，批判したりすることを避けていては，他の商店街の成功を学んでまねした
り，あるいはほかの商店街の失敗から教訓を得ることはできないということにな
る。(石原・石井 1992, p.293)

　商業・流通研究を現実の動きに対応した学術領域とするためには，現象を理
論体系と対応させなくてはならない (石原 2000a)。理論は現実を抽象化したも
のであり，それは予測に役立つはずである。事例研究の蓄積だけでは，研究成
果が「その事例ではそういうコンテクストがあったから」という評価に陥りが
ちで，既存理論との関係を明確にしにくい，あるいは体系化 (理論化) しにく
い，といった問題が生じる。そのため，ある程度の範囲内で一般化可能な枠組
みや概念を検討する努力は，学術研究の蓄積という面でやはり必要であると思
われる。

2−3　本研究の課題

　以上を受けて，本研究の課題は，大規模小売商業者のまちづくり活動につい
て，その成功要因を体系的に理解すること，そして成功に至る因果経路のパ
ターンを試論的に検討すること，と設定できる。

　大規模商業施設によるまちづくりは，大規模商業施設自身が抱える問題 (増
床が難しい，全体の統一が損なわれるため店内でテナントのバラエティを豊かにしにくい
等) や，周辺エリアが抱える問題 (魅力的な店舗を誘致しにくい等) を解決する糸
口になるという点で，あるいは，魅力的な商業エリアを実現するという点で，
事業者・来街者双方にとって重要な活動である。

　だが，商業 (店舗型小売業) とまちづくりを結びつける「外部性」という理論

概念が提示され（石原 2006），数少ないリサーチ・ベースの先行研究において大規模商業施設によるまちづくりの事例研究が行われはいるものの（藤岡 2008），いまのところ包括的な理解や枠組みが提示できているわけではない。

そこで，本研究では，大規模商業施設によるまちづくりを対象に，事例を超えた一般化が可能で，かつ個別事例も識別できる方法である質的比較分析（QCA: Qualitative Comparative Analysis）を行うことにした（Ragin 2000, Rihoux and Ragin 2009, Woodside 2013）。その上で，分析から得られた知見に基づいて，大型商業施設のまちづくりの成功要因の体系的理解を試みる[1]。

3．方法：質的比較分析（QCA）

3-1　QCA の特徴

質的比較分析（QCA）は集合論とブール代数アプローチを用いた分析手法で，結果（outcome）を生み出す原因条件（causal conditions）やその組み合わせ（causal recipes あるいは configurations）を探り当てることを得意としている（Ragin 2000, 2008）。

この手法については，国内外の社会科学系の学術誌（『理論と方法』24（2），2009 年や Journal of Business Research, 64（4），2016）で特集が組まれ，関連領域のジャーナルにも掲載実績が増えてきている（Fiss 2011, Frösén et al. 2016, Ordanini et al. 2014）。Academy of Management Journal や Journal of Marketing, Journal of Service Research などがそうした例である。Rihoux and Rgin（2009）の訳書（『質的比較分析（QCA）と関連手法入門』，石田淳・齋藤圭介監訳，晃洋書房，2016 年）によると，2014 年から 15 年にかけてもっとも応用研究が盛んだったのは経営学であるとされている（序文iv）。

この手法の特徴については，田村（2015），Frösén et al.（2016），横山（2019）などが詳しいが，経営学分野においては，統計的因果分析を補完・代替する方法として用いられることが多い。その一方で，少数事例から因果を探るための方法として用いられることもある。その理由は，観察・アクセス可能な調査対

第6章 大規模商業施設によるまちづくりの成功要因についての探索的研究 ○───181

象が限定されている場合や（たとえば渡辺 2001），複数事例分析における考察を
さらに進める場合（たとえば Öz 2004）に QCA が有効だからである。

　本研究では，後者の活用法で QCA を適用する。なぜなら，本研究が対象と
する大規模小売商業者のまちづくりは，その事例自体が豊富ではなく，観察で
きる現実の数そのものが限られているからである。

　このような場合，従来では，比較事例分析を実施することで概念の類型化や
変数を見つけ出すことに努力が投入される。もちろんそうした努力は重要だ
が，先に述べたように，定性的な研究から発見されたことは，コンテクスト依
存が相対的に高いという理由から，理論体系との結びつきが強くない場合があ
る。QCA を用いることで事例からの発見が体系化しやすくなり，その結果，
既存理論体系あるいは新たな理論化に結び付けやすくなる可能性がある。以上
の理由により，本研究では QCA を用いることにした。

　因果関係や因果経路を明らかにすることが目標である点は同じだが，QCA
は従来の回帰分析や共分散構造分析などの統計解析とは異なるロジックをも
つ。回帰式に代表されるような因果関係の検討においては，結果に影響を与え
る変数は「独立変数」と呼称されてきたように，それ自体が独立した存在と仮
定している。だが，QCA では，独立変数（説明変数）が複雑に相互作用してい
ることを想定した上で，以下のような論理式により，結果が生じる組み合わせ
条件を導き出す。

$$X1 * X2 + X3 * X4 \rightarrow Y$$

　ここで Y は結果を表し，X は原因を表す。「＋」は「あるいは（or）」を，
「＊」は「かつ（and）」を，「→」は左辺の条件が存在すれば右辺の結果が必ず
存在することを表す。QCA を実施することにより，大規模小売商のまちづく
りの成否についての条件を，上記の論理式の形であらわすことができる。

3-2 分析手順

結果を生み出す条件の組み合わせパターンについての論理式を導くためには，事例のデータを真理表と呼ばれる形式に変換する必要がある。具体的な手続きは以下の6つである。

まず，①大規模商業施設によるまちづくりの成功（結果）の原因となる条件（説明変数）を特定する。本研究には，たとえば小売ミックスのような，参考にできる理論的な枠組みがみつからないため，事例を慎重に吟味することで条件を抽出する。その上で，②事例から得られた条件をファジィ変数に変換し，データ行列を作成する。ここまでがデータセットの作成である。

続いて，③作成したデータ行列を用いてfsQCA（fizzy set Qualitative Comparative Analysis）の真理表アルゴリズムによる分析を行い，論理的に存在可能な条件の構成パターンとそのパターンをもつ事例を特定する（不完備真理表の作成）。不完備真理表には論理的に存在可能な組み合わせのパターンのすべてが含まれるため，④経験的な事例が存在しない行（論理残余：logical remainder）について吟味した上で，現実の事例が存在する組み合わせパターンについても行の中に矛盾する条件構成がないか，あるとすればそれはどの程度かを確認・評価する。⑤その上で，矛盾のない（少ない）組み合わせパターンとそうでないパターンを2値でコード化することで完備真理表を作成する（組み合わせのパフォーマンスをコード化する）。

最後に，⑥完備真理表を用いたブール代数分析により得られた解（条件の組み合わせパターン）の解釈を行う。

4．データ

4-1 大規模商業施設によるまちづくり事例

本研究の問題意識に基づいて，大規模商業施設が主導して一定の成果が得られたまちづくりの事例を探索したところ，それに合致するのは8事例であることが分かった。QCAはスモールデータの分析が得意で，データ数が15未満の

第6章　大規模商業施設によるまちづくりの成功要因についての探索的研究 ○────── 183

少数事例の因果推論も可能とされている (田村 2015)。

　対象となった事例の取り組み主体には，百貨店，GMS，ショッピングセンターが含まれ，周辺を巻き込んだまちづくりから敷地内で完結したまちづくりまで多様である。つまり，多様な業態，多様なまちづくり手法が含まれることになった。

　具体的な事例は，大丸神戸店 (百貨店)，大丸心斎橋店 (百貨店)，パルコ渋谷店 (ショッピングセンター)，玉川高島屋ショッピングセンター (ショッピングセンター)，つかしん (百貨店)，長浜楽市 (総合スーパー)，天満屋岡山本店 (百貨店)，三越高松店 (百貨店) である[2]。

4-2　まちづくりの成功要因の抽出

　事例を精査したところ，上記の8事例に共通するまちづくりの成否にかかわる要因は7つであることが明らかになった。それぞれを確認しておこう。

　1つ目は，まちづくりがスタートした時の街の状況である。大型商業施設の立地する街が徐々に衰退している既存店の立地エリアでまちづくりが行われた場合と，商業エリアとして十分に発達していない新たなエリアでまちづくりが行われた場合があった。

　2つ目は，開発主体である。まちづくりの主体が大型商業施設自身である場合と，大型商業施設が母体となってできたディベロッパーなどの新たな開発主体である場合があった。

　3つ目は，開発エリアにおける地元との関係である。従来からある商店街や商業施設との関係は大きく分けて2つあり，ひとつは当初から歓迎されている場合，もうひとつは敵対的な関係で調整が行われる場合があった。

　4つ目は大型商業施設の新規出店の有無である。新たに大型商業施設が出店することもあれば，もともとある大型商業施設の周辺を開発していく場合もあった。

　5つ目は，まちづくりの対象エリアがオープンかクローズかである。基本的には，大型商業施設が立地する周辺エリアに中小型店を出店することが多い

が，対象エリアが敷地内で完結している場合もあった。

6つ目は，街の要素整備への取り組みである。周辺エリアでの駐車場開発や広場の整備さらにはストリートのネーミングの変更など，街の整備を主導したのは大型商業施設，商業組合，行政など様々だが，大型商業施設が一切かかわらないケースや，周辺エリアの整備そのものを行わないケースがあった。

最後の7つ目は，開発期間である。開発は基本的に時間のかかる場合が多いが，比較的短期間で実施される場合と，時間がかかる場合があった。

以上で整理した要因の中で，どの要因がどういう組み合わせパターンで大型商業施設のまちづくりの成功に影響を与えるのかを，QCAの分析手順に沿って検討していく。

4－3　原因条件のファジィ変数への変換：calibration（較正）

上で確認された大規模商業施設のまちづくりを構成する7つの要因は，①開発時の街の状況，②開発主体は誰か，③地元との関係，④新規出店の有無，⑤まちづくりの対象がオープンかクローズか，⑥街の要素整備へのコミットメントはどの程度か，⑦開発期間は長いか短いかであった。QCAを実施するためには，まず，この7つの要因をCQAが実施できる形式のデータに変換しなければならない。

クリスプ集合を用いたQCA（crisp sets QCA）では変数はすべて0か1の2値をとるのに対して，ファジィ集合を用いたfsQCA（fuzzy sets QCA）では，所属の度合い（成員スコアあるいはメンバーシップ度）を0から1の間をとる実数とすることができる。本研究が扱う大規模商業施設のまちづくりについての要因は，0か1の2値でコード化できるものもあれば，0から1の間をとる成員スコアを割り当てなければならない場合もあるため，fsQCAを実施する必要がある。

4－3－1　原因変数

まず，開発時の街の状況については，商業の中心地ではない新たな場所に出

第6章　大規模商業施設によるまちづくりの成功要因についての探索的研究　○───185

店してまちづくりを実施したケース（渋谷パルコ，玉川高島屋SC，つかしん，長浜楽市）と，店舗を出店している街自体が衰退してきたため既存店の周辺でまちづくりを行うケース（大丸神戸店，大丸心斎橋店，天満屋岡山本店，三越高松店）がある。この要因は2値しか取りようがないため，前者を1，後者を0とコード化できる。

　開発主体については，本体が自ら開発するケース（大丸神戸店，大丸心斎橋店，渋谷パルコ，長浜楽市，天満屋岡山本店，三越高松店）と，ディベロッパーを設立して開発に取り組むケース（玉川高島屋SC，つかしん）がある。この要因も2値で分類できるため，前者を1，後者を0とコード化する。

　地元との関係，具体的には直接的な競合となる可能性のある地元商業者との関係については，協調的なケース（大丸神戸店，大丸心斎橋店，玉川高島屋SC，三越高松店）と，対立が生じるケース（つかしん，長浜楽市）と，そして不明な場合がある。地元との関係が不明なのは渋谷パルコだが，当時の資料に特段の記載がないということは，それほど大きな対立が生じたわけではないと考えてよいだろう。以上から，協調的なケースおよび不明の場合を1，対立したケースを0とコード化する。

　新規出店の有無とは，まちづくり対象エリアに新たな大型商業施設を出店したかどうかである。新規に大型店を出店したケース（渋谷パルコ，玉川高島屋SC，つかしん，長浜楽市）と，既存店を活用したケース（大丸神戸店，大丸心斎橋店，天満屋岡山本店，三越高松店）がある。前者を1，後者を0とコード化する。

　まちづくりの対象については3パターンがある。大型商業施設が主導して周辺エリアに店舗を出店するケースが多いが（大丸神戸店，大丸心斎橋店，渋谷パルコ，玉川高島屋SC，天満屋岡山本店，三越高松店），地元商店街と協業して大型商業施設の敷地内に店舗を出店するケースや（長浜楽市），敷地内で完結して周辺エリアには出店しないケースがある（つかしん）。これらは，大型商業施設が周辺にどれくらい働きかけるかどうかの程度であると理解できるため，大型商業施設主導の周辺出店ケースを1（full membership），地元商店街と協業して大型商業施設の敷地内に店舗を出店するケースを0.5（cross over point），周辺エリアに

出店しないケースを 0（full non-membership）とコード化した。

街の要素整備とは，周辺エリアのハード面（駐車場や広場など）とソフト面（ストリートのネーミングなど）に対して大型商業施設が積極的に関わったかどうかである。これには 4 つのケースがある。大型商業施設がハードとソフトの両面で積極的に取り組んだケース（大丸神戸店，渋谷パルコ，玉川高島屋 SC），大型商業施設がソフト面のみに取り組んだケース（大丸心斎橋店），大型商業施設ではなく地元商店街が取り組んだケース（天満屋岡山本店，三越高松店），周辺エリアではそういった取り組みをしなかったケース（つかしん，長浜楽市）である。本研究は大型商業施設のまちづくりに焦点を当てているので，街の要素整備に対する大型商業施設のコミットメントの程度が重要となる。そのため，もっともコミットメントが高いハードとソフト両面で取り組んだケースを 1（full membership），ソフト面のみ取り組んだケースを 0.67，他主体が取り組んだケースを 0.33，取り組まなかったケースを 0（full non-membership）とコード化することにした。

開発期間については，基本的にまちづくりには時間がかかるが，相対的に開発に時間がかからなかったケース（大丸神戸店，大丸心斎橋店，渋谷パルコ，天満屋岡山本店，三越高松店）と，時間がかかったケース（玉川高島屋 SC，つかしん，長浜楽市）がある。小売業を取り巻く環境変化の速さを考えると，計画してから実行までの時間は重要な要因となり得る。この観点から，相対的に時間がかからなかったケースを 1，時間がかかったケースを 0 とコード化することにした。

4−3−2　結果変数

続いて結果変数をコード化する。事業者や地元自治体，顧客や住民など，多様な主体に関わるまちづくりの成否を一意に定義することはほとんど不可能なので，ここでは事業者にとってのメリットを念頭に置いて，その限りでの成否を考えることにした。

大型商業施設によるまちづくりが成功した場合，そのエリアには消費者が集まり大型商業施設は活性化するだろう。それだけでなく，当該エリアへの来街

第6章　大規模商業施設によるまちづくりの成功要因についての探索的研究 ○————187

者が増えることにより事業者も集まってくるはずである。つまり，大型商業施設がまちづくりを実施した後にも，商業エリアが長期的に拡張したか，あるいは商業エリアの繁栄を維持できたのか，という視点で評価することで，大型商業施設によるまちづくりの成否を総合的に判断することができる。

　この総合的な判断を用いると，まちづくりの実施主体である大型商業施設や周辺エリアが活性化した場合（成員スコア =1）と，周辺エリアはそれほど活性化できなかったが商業施設自体は存続できている場合（同 =0.5），そして，そもそも大型商業施設が存続できなかった場合（同 =0），という 3 つの分類が可能である。

　上記の分類から大型商業施設のまちづくりの成否を評価すると，大丸神戸店，大丸心斎橋店，渋谷パルコ，玉川高島屋 SC は 1，つかしんは存続できなかったため 0，長浜楽市，天満屋岡山本店，三越高松店は存続できているものの周辺が活性化したとは言い難い面があるため 0.5 となる。

　以上の検討から，8 事例についてのデータ行列が得られた（図表6－1）。

図表6－1　データ行列（大型商業施設のまちづくり）

	① 街の状況	② 開発主体	③ 地元関係	④ 新規出店	⑤ まちづくり対象	⑥ 街の要素整備	⑦ 開発期間	結果
大丸神戸店	0	1	1	0	1	1	1	1
大丸心斎橋店	0	1	1	0	1	0.67	1	1
渋谷パルコ	1	1	1	1	1	1	1	1
玉川高島屋 SC	1	0	1	1	1	1	0	1
つかしん	1	0	0	1	0	0	0	0
長浜楽市	1	1	0	1	0.5	0	0	0.5
天満屋岡山本店	0	1	1	0	1	0.33	1	0.5
三越高松店	0	1	1	0	1	0.33	1	0.5

5．fsQCA

5－1　不完備真理表

　fsQCA を実施するにあたっては，上記のデータ行列を真理表に変換する必要がある。そのプロセスで，最初に不完備真理表が得られる。不完備真理表では，7つの条件について論理的に可能なすべての組み合わせ，すなわち2の7乗 =128 通りの組み合わせが得られる。

　真理表アルゴリズムによる解析の結果，128 の組み合わせパターンのうちの6つの組み合わせにおいて現実のケースが対応していた。つまり6つの組み合わせパターン以外の組み合わせ，すなわち残りの122 通りの組み合わせパターンは，論理的にはあり得るが当てはまる事例が現実には存在しない（＝論理残余）ということである。そのため，その組み合わせが成功を導くかを経験的に判断することができない。そこで，本研究においては，経験的な事例が存在しない論理残余行はすべて削除し，現実の事例が存在する6つの組み合わせパターンについてさらに検討を進めていくことにした[3]。その結果，以下の不完備真理表が得られた（図表6－2）。

図表6－2　不完備真理表

行コード	① 街の状況	② 開発主体	③ 地元関係	④ 新規出店	⑤ まちづくり対象	⑥ 街の要素整備	⑦ 開発期間	事例数 number	perfor- mance	PRI 整合性
1	1	1	1	1	1	1	1	1		1
2	1	0	1	1	1	1	0	1		1
3	1	0	0	1	0	0	0	1		0
4	0	1	1	1	1	1	1	1		1
5	0	1	1	0	1	1	1	1		1
6	0	1	1	0	1	0	1	1		0.66

第6章　大規模商業施設によるまちづくりの成功要因についての探索的研究　○───189

5－1－1　矛盾する行の評価（PRI整合性）

　この段階では，どの組み合わせが妥当かは明らかになっていない。そのために「performance」の列が空欄になっている。fsQCAにおいては，どの組み合わせが妥当なのかはPRI整合性を用いて分析者が判断しなければならない[4]。

　Ragin（2000）によると，真理表の各行における事例数がある程度確保されている場合は，統計的検定（二項検定（N＜30）かZ検定（N≧30））を用いて組み合わせパターンを評価することができる。だが，事例数が少ない場合は，PRI整合性のスコアを用いて，どの組み合わせパターン（＝行）がよい（＝「performance」=1）のか，どのパターンがよくない（＝「performance」=0）のかを分析者が判断しなければならない。本研究では，各行に適合する事例はひとつずつしかなかったので，そうした判断が必要となる。

　図表6－2に示されているPRI整合性の値は，行1, 2, 4, 5が1，行3が0，行6が0.66であった。つまり，行1, 2, 4, 5の条件の組み合わせをもつ事例は，一貫して結果を生じさせているということになる。一方，行3の整合性は0，行6は0.66であったため，「矛盾する条件構成」の問題が生じている[5]。

5－1－2　「performance」のファジィスコアの割り当て

　田村（2015）によると，条件の組み合わせパターンの妥当性を評価する際のもっとも厳しい水準は当該行に属する全事例が一貫した結果を生じさせている場合であるときで（すなわち整合性=1），もっともゆるやかな水準は当該行に1事例でも存在しているときである[6]。その中間の基準値もあるが，ここでは，Ragin（2008）が推奨し以降の研究（Frambach et. al. 2016, Woodside 2013, Ho et. al. 2016）も依拠している0.75以上という基準を採用することにした[7]。

　したがって，整合性の値が1であった行1, 2, 4, 5を矛盾のない条件構成を示すパターンとして「performance」=1を，それ以外の行（矛盾する条件構成を示すパターン）を「performance」=0と割り当てた。整合性のスコアが1であった行，つまり整合性が1であるときに「performance」=1とコード化するという，最も厳しい水準の基準を採用したことになる。

以上の検討により，整合性が１の行には「performance」コードの１を，整合性が 0.75 以下の行には０を入力した結果，以下の完備真理表が得られた（図表６－３）。

図表６－３　完備真理表

行コード	① 街の状況	② 開発主体	③ 地元関係	④ 新規出店	⑤ まちづくり 対象	⑥ 街の要素整 備	⑦ 開発期間	perfor- mance
1	1	1	1	1	1	1	1	1
2	1	0	1	1	1	1	0	1
3	1	0	0	1	0	0	0	0
4	0	1	1	1	1	1	1	1
5	0	1	1	0	1	1	1	1
6	0	1	1	0	1	0	1	0

５－２　真理表分析

この表のデータをもとに，fsQCA を用いた真理表分析により解を導出した[8]。fsQCA では複雑解（complex solution），中間解（intermediate solution），最簡解（parsimonious solution）という３つの解が得られるが[9]，本研究では，Fiss（2011）の方法に倣い，最簡解を用いてコア条件（core condition）を特定し，中間解を用いて周辺的条件（peripheral condition）を含む条件の組み合わせパターンを識別することにした。結果は以下の図表６－４に示されている[10]。

図表６－４　成功を導く条件組み合わせ

	条件組み合わせ（configuration）		
	1	2	3
① 街の状況	⊗		●
② 開発主体	●	●	⊗
③ 地元関係	●	●	●
④ 新規出店		●	●
⑤ まちづくり対象	●	●	●
⑥ 街の要素整備	⬤	⬤	●
⑦ 開発期間	●	●	⊗
整合性（consistency）	1	1	1
素被覆度（raw coverage）	0.40	0.40	0.20
固有被覆度（unique coverage）	0.20	0.20	0.20
解整合性（solution consistency）	1		
解被覆度（solution coverage）	0.80		

第6章　大規模商業施設によるまちづくりの成功要因についての探索的研究 ○───191

大きな丸印（＝●）はコア条件を，小さな丸印（＝•）は周辺条件を示している。クロスの入った丸印（＝⊗）は不在条件（つまり，≠1）を，空欄はあってもなくても関係がない条件（"don't care" 条件）を示している。

解析の結果，3つの条件組み合わせが得られた。整合性の値はすべて1であったため，この組み合わせをもつ事例はすべてまちづくりに成功しているということになる。

被覆度の各スコアは，条件組み合わせパターンの重要性，すなわち，どれくらいの事例がこの組み合わせパターンによって結果に至っているかの指標である。

素被覆度（raw coverage）[11] を見てみると，条件組み合わせ1と2が0.40，3は0.20であった。つまり，まちづくりの成功事例の40%が1および2の組み合わせパターンをもち，20%が3の組み合わせパターンをもつということである。

固有被覆度（unique coverage）[12] は，すべての条件組み合わせにおいて0.20という値が得られた。つまり，成功事例のうちで組み合わせパターン1だけ，2だけ，3だけで説明できる割合はそれぞれ20%だということである。

解整合性（solution consistency）[13] は1であったため，析出された3つのパターンをもつ事例はすべてまちづくりに成功しているということになる。解被覆度（solution coverage）[14] は0.80であったため，まちづくりの成功事例のうちの80%が析出された3つの条件組み合わせパターンをもつということになる。

以上の指標は，Ragin（2008）が推奨する基準に基づくと，いずれも良好と言える。そのため，以下では図表6－4の結果を解釈していく。

5－3　分析結果の解釈

最簡解の結果から，過去に行われた大規模商業施設のまちづくりにおいては，⑥街の要素整備が成功に最も重要なコア条件（core condition）であると言える。それ以外の周辺条件（peripheral condition）については，3パターンともに共通している条件が2つあることがわかる。それらは，③地元との関係は良好で

あること，⑤まちづくり対象はオープンであること，である。この 2 条件は，すべての条件組み合わせに登場するので必要条件であり，この条件を欠いては成功を得られないということである。

　一方で，その他の要素（①開発時の街の状況，②開発主体，④新規出店の有無，⑦開発期間）については，組み合わせ次第で成功にたどり着くことができる。つまり，3 つの代替的な因果経路のパターンが存在する。

　条件組み合わせ 1 では，⑥街の要素整備を実施し，③地元との関係が良好で，⑤まちづくりの対象はオープンであることを前提に，①既存の出店エリアで，②本体自らが開発し，⑦短期間で実施することが成功をもたらす。この際，don't care 条件である④新規に出店するか既存店を活用するかについては，どちらでもよい。

　条件組み合わせ 2 は，1 と前提条件（⑥，③，⑤）は同じで，②本体自らが開発し，④新規出店し，⑦短期間で実施することが成功をもたらす。このパターンでは，①既存の立地エリアで実施しても新たな場所で実施してもどちらでもよい。

　条件組み合わせ 3 も，1，2 と前提条件（⑥，③，⑤）は同じだが，①新しい場所に，②ディベロッパーを活用して，④新規出店し，⑦時間をかけて実施することが成功をもたらす。

　たとえば，渋谷パルコと玉川高島屋 SC はともに商業の中心地ではない場所に（①），新規出店して（④），対象を限定しないオープンなまちづくり（⑤）を実施して成功した事例だが，開発主体（②）と開発期間（⑦）はそれぞれ異なっている。渋谷パルコは本体による開発で比較的短期的な取り組みだが，玉川高島屋 SC はディベロッパーによる開発で長期的である。つまり，開発主体が本体かディベロッパーか，あるいは，開発期間が短期か長期かは，どちらが優れているというわけではなく，その組み合わせ次第で成功につながる場合もあるし失敗につながる場合もあることを示唆している。解析の結果は，ディベロッパーが関わる場合は時間をかけてまちづくりを実施するほうが成果につながることを示唆している（玉川高島屋 SC）。逆に，本体がまちづくりに乗り出す

第6章　大規模商業施設によるまちづくりの成功要因についての探索的研究　○───── 193

場合は時間をかけずに実施するほうがよいようである（渋谷パルコ）。

　一方，衰退しつつある既存の街（①）では，本体（②）が，地元と協調的関係を保ちながら（③），既存店を活かす形で（④），対象を限定しないオープンなまちづくりを（⑤），街の要素整備を行いつつ（⑥），それほど時間をかけずに（⑦）実施することが望ましいようである。この条件パターンは，大丸神戸店と大丸心斎橋店にほぼ共通している。既存の街でのまちづくりでは，そもそもエリアが衰退しつつあるので大型商業施設は地元から期待を集めやすい状況があり，なおかつ，エリアの衰退は自店舗の衰退を意味するため，本体が迅速に対応する必要がある。本体が芳しくない状況にあるため，ハード面やソフト面での街の要素整備にも積極的な姿勢が促されるだろう。

　解析結果から導かれる以上のような条件の組み合わせパターンは，藤岡（2008）の指摘と整合的で，論理的にも妥当であるように思われる。

6．おわりに

6－1　理論的・実践的含意

　fsQCA により，以下の2つを発見することができた。一つは，fsQCA における最簡解から，大規模商業施設によるまちづくりの成功に重要な影響を与える要因を識別できた点である。それは，街の要素整備という要因であった。このことは，大規模商業施設によるまちづくりにおいては，実施主体である大規模小売商業施設のコミットメントの強さがきわめて重要であることを示唆している。

　もう一つは，大規模商業施設のまちづくりには，成功に欠かすことができない要因（＝必要条件）と，組み合わせ次第で成功に至るかどうかが異なる条件（＝十分条件）が存在することである。このことは，まちづくりに関わる要因は，組み合わせ次第でパフォーマンスを生み出したり出さなかったりすることを示唆する。

　成功条件を識別した点については検討の余地があるが，すくなくとも，以降

の研究を進めるための足掛かりが提供できたこと，成功のメカニズムを検討するための基盤を提供できたことは，学術上意義があると思われる。

研究方法においても貢献がある。それは，2次資料を中心に構成した事例をfsQCAにより分析したことである。本研究では，可能な限り2次資料を中心に用いたため，情報の入手可能性という点で，第3者による追試（追加的検討）が可能になる。

QCAは解析と事例の検討を行ったり来たりしながら進めていくところに特徴があるとされるが，誰でもアクセス可能なデータを用いることで，新たな変数が必要か，不要な変数はないか，新たな事例はないか，検討の基盤となる理論枠組みはないか，原因条件あるいは結果のファジィ変数への変換（calibration）は妥当であるか，といった検討が可能になる。

実践的には，より現場感覚に近い結果を導き出せた可能性がある。

6−2　限界と今後の課題

ただし，限界もある。これは検討できる事例の数と，用いた分析方法に起因する限界である。今回の分析では，検討の対象となる事例が8つしか得られなかった。今後，大規模商業施設によりまちづくりが実施された場合は，ケースを加えた新たに分析を行う必要があるだろう。さらには，考慮が必要な原因条件が新たに生じるかもしれないし，そもそも考慮すべき原因条件を見落としてしまっている可能性もある。

それに加え，今回の分析においては，どの要因がどれほどの強さで結果に影響を与えるのかについては，たとえば回帰分析の結果が示すような明確な形では指摘できていない。実践的インプリケーションに属すると思われるこの点については，異なるアプローチで検討する必要があるだろう。

今後の課題だが，導き出した成功条件がどのような相互作用で結果に影響を与えているのか，すなわち因果メカニズムを考察する必要がある。この点については，fsQCAにより明らかになった要因を中心に，代表事例について過程追跡法（Process Tracing）により因果の連関を分析する必要がある。それによ

第6章　大規模商業施設によるまちづくりの成功要因についての探索的研究 ○───── 195

り，大型商業施設のまちづくりにおいて重要な要因がなぜ，いかにして生じた
のか，そして要因間の相互作用はどのような形で発生したのかなどを明らかに
することができるだろう。さらには，そこから得られた示唆を，商業・流通研
究の理論的体系の中に位置づける必要がある。この点は，一朝一夕には進めら
れないと思われるが，継続して努力していくことが重要であろう。

Appendix

大丸神戸店（百貨店）

　大丸神戸店が立地する元町には日米通商条約時に兵庫港開港に伴い外国人の
ために造成された居留地跡があり，1970年代までは神戸の中心的な商店街で
あった。しかし，元町からひと駅となりの三ノ宮に交通機関が集中し，大型商
業施設が出来たことから人の流れが変わりショッピングの流れは三ノ宮に集中
していった。

　大丸神戸店は元町商店街とともに，その中核にある商業施設であるため，こ
うした流れは大きなダメージとなった。また旧居留地におけるビルのオーナー
たちもオフィス需要が先細りしていく中で危機感を抱いていた。

　そうした中，ビルのオーナーたちから大丸に格安でビルを借りて欲しいとい
う依頼があった。こうした話が来る前に大丸は倉庫として利用していた旧ナ
ショナルバンクのビルを「サザビー」に貸し出し成功を収めていた。その結果
を踏まえ，1987年から旧居留地のビルオーナーたちからビルを借り入れ，そ
れを海外ブティックなどに貸し出すというスキームを作り上げていった。

　こうしたまちづくりの動きでは地域と一体となった取り組みが行われた。
1983年，商店街や住民団体とは異なるビルオーナーが中心の団体である「旧
居留地連絡協議会」が発足した。大丸はこうした課題が出る前から地元の「旧
居留地連絡協議会」と連携を図ってきた。旧居留地協議会は地域内での景観を
守る活動を行っており，神戸市も地域内歩道を守るなどその活動を支援してき
た。周辺店舗への出店とまちづくりはその後現在まで継続して取り組まれてお
り，2011年時点で70ブランドショップになるまで拡大している。また大丸の

誘致とは別に単独で旧居留地へ出店するブランドが多数でてきておりオープンなまちづくりが行われている[15]。

大丸心斎橋店（百貨店）

　同じ大丸でまちづくりを行っている店が大丸心斎橋店である。大丸心斎橋店は1726年に店舗を開いてから常に賑わいの中心であった。しかし商業の中心が隣接のターミナル立地である梅田地区へと移るに従って商業エリアとしての集客力は低下していった。そのような状況の中，大丸心斎橋店のまちづくりは，大丸神戸店の周辺店舗政策を参考に，1989年にスタートしている。

　2005年に「そごう」が隣接地に出店することとなり，その対策が必要となったことから，店舗の改装と共に周辺店舗への出店が行われた。大丸心斎橋店の店舗は3万6千㎡と決して大きくなく，しかし周辺への増床が困難であったことから，心斎橋周辺の廃業や退店する店舗へと出店することで街の魅力を高め集客力対策と面積のハンデを解決しようとしたのである。

　神戸店と異なり，心斎橋店の周辺は個人商店が中心で地権者が錯綜していた。その為，1店1店地道な出店交渉が求められた。しかし2003年に周辺店舗開発の専門部署を設置し，徐々に拡大していった。

　その際，家主に長期の家賃契約を提示し，それを理由に家賃の減額を依頼した。そしてそれを取引先に家賃分を考慮した歩率の売上仕入で貸与したのである。店内に出店するよりショップデザインや環境面で路面店ならではの自由がきくことは取引先であるテナントにとって魅力的であった。また，大丸の顧客資産やカード，データ分析などのインフラが利用できることなどがメリットとしてあった。これは百貨店という大型店舗が核となって行うからこそ可能であり，他のディベロッパーとは異なる特徴と言える。

　また，大丸心斎橋店は周辺店舗開発を行う以前から地域との関係を大事にしてきた。心斎橋商店街振興組合の事務局長を歴任してきた関係で，空き店舗などの有益な不動産情報が入ってくるようになっていた。

　心斎橋店の周辺店舗政策は心斎橋地区のまちづくりに大いに貢献してきた。

第6章　大規模商業施設によるまちづくりの成功要因についての探索的研究 ○──── 197

周辺の開発がパチンコ店や各種チューン店などに変わっていくことを食い止め，街の魅力化に一役買うことになった。心斎橋店の課題であった立地と規模の問題を克服する取り組みと，心斎橋地区の街の魅力化とが互いに補完しあう関係となったのである。

　同様の周辺開発モデルは大丸京都店でも取り組まれており，大丸京都店が立地する烏丸地区の魅力化への取り組みが行われている[16]。

パルコ渋谷店（ショッピングセンター）

　パルコは1969年，西武百貨店，西武鉄道，西友ストアが出資し，業績不振であった「東京丸物」からファッションの専門店を集めたショッピングセンターへと業態転換が行われた。その後，1973年6月に満を持して渋谷に「渋谷パルコ」を開業した。その土地は1970年・72年にかけて，西武百貨店が大成建設，フランスベッドから購入したものであり，もとは西武百貨店の駐車場用地であった。渋谷パルコの出店場所は，駅から500メートルも距離のある坂の上というハンデのある立地であり，常識的には商業施設には向いていない立地であった。そのハンデを乗り越えるためにまちづくりに取り組んだ。

　まちづくりの為に渋谷パルコに劇場や美術館を加えた。さらに周辺に店舗を多数出店していった（1975年渋谷パルコpart2，1981年渋谷パルコpart3，スタジオパルコなど）。さらに街に人を集めてお客を作るという状況演出のために通りの名前を変更し（VIA PARCO），街の演出の小道具たちを設置していった。1977年，公園通りの歩道が拡幅，電話ボックスが設置された。さらに1978年には東急ハンズがオープン，公園通りにはベンチ，ゴミ箱，灰皿が配置され，1979年にはエンゼルクロックが設置された。その後パブやスタジオパルコなどが80年代前半までにオープンしていった。

　こうした取り組みを通して都市を広告にすることで街への集客を行うという取り組みが行われた。その後パルコがファッション性の高いイメージを獲得すると各種専門学校やショップが次々出店した[17]。

玉川高島屋ショッピングセンター（ショッピングセンター）

　玉川高島屋ショッピングセンターは，ショッピングセンター黎明期における本格的ショッピングセンターであり，大型商業施設によるまちづくりの嚆矢でもあった。

　1962年，高島屋がアメリカとヨーロッパを視察した結果，日本でのショッピングセンターが構想がされた。しかし，本体の百貨店では時期尚早として取り組みが延期された為，横浜高島屋，高島屋，三和銀行グループ，日本生命グループ，野村不動産の5社の出資による「東神開発株式会社」という高島屋のディベロッパーが別働部隊として1963年設立され開発がスタートした。

　そのコンセプトは日本一のショッピングセンターであり，5万㎡クラスのショッピングセンターが計画された。

　開業する4年前に二子玉川商店街と玉川商店街で二子玉川振興対策協議会が発足した。開業に向け2つの商店街との協議が行われたが両商店街は地元の商店街と商材がバッティングしないこと，エリアへの集客が期待できることから歓迎された。そしてその後もショッピングセンターは地元と長期間に渡り共存共栄を図っていくこととなった。

　1969年に玉川高島屋ショッピングセンターが開業した。玉川高島屋ショッピングセンターが出来たとき，地元はまだ街として成熟しておらず40年以上かけて新しいまちづくりに取り組んでいったのである。

　玉川高島屋はショッピングセンターの拡充に加えてさまざまな商業施設をエリアの各地に出店していった。また商業施設だけではなく，道路の舗装，街灯，ガードレールなど，周辺歩道の植栽，屋上緑化などの街周辺の施設の整備が行われた。その結果，40年間で総面積17万5,390㎡におよぶ商業エリアが街中に溶け込む形で出来上がっていった。

　玉川高島屋ショッピングセンターは長期間に渡るまちづくりと共に，ショッピングセンターを核とした街の孵化器としての役割を担ったのである[18]。

つかしん（百貨店）

　1972 年，繊維メーカーのグンゼ株式会社は兵庫県尼崎市にある塚口工場を閉鎖し，自社の広大な工場跡地の再活用に踏み出した。そして，1974 年 1 月，グンゼ産業株式会社はセゾングループと協定を結んだ。当初の計画では百貨店，スーパー，専門店街という巨大なショッピングセンターを作るというプロジェクトだった。しかし，その後の地元との調整の中でショッピングセンターから「まちづくり」へとコンセプトが変化していった。

　1977 年 10 月から始まった，地元七市一町商店街（尼崎，伊丹，芦屋，川西，西宮，三田，宝塚の七市と猪名川町）との商業活動調整協議会（商調協）での審議がスタートしたが，地元商店街の立て直しが懸案事項としてある中での大型店の出店であることから中々折り合いがつかず，7 年間という長期間に渡ってもめ続け，調整がつかなかった。最終的には 72 回もの審議を経て，ようやく両者が合意に達したのは 1983 年 8 月だった。

　商調協での合意を見越して 1983 年 3 月に西武百貨店関西本社のある西武新大阪ビルの 5 階に「塚口プロジェクト」開設準備室が設置された。そして，1983 年 8 月，堤会長から「ショッピングセンターからまちづくりへ」という一大方向転換が打ち出された。

　1984 年 3 月「西武塚口ショッピングセンター」の建設工事が地下の駐車場部分から着工された。そうした中，1984 年 11 月，西武百貨店と西武都市開発の共同出資によるディベロッパー企業「シティクリエイト」が設立され，西武塚口ショッピングセンターの管理・運営を行った。こうして，1985 年 9 月 27 日，セゾングループが中心となって，兵庫県尼崎市に新しいまちづくりを目指す商業空間として「つかしん」が出来上がったのである。

　「つかしん」を構成する主な施設は①西武百貨店，②109 の専門店が軒をつらねる「つかしん」モール街，③ヤングライブ館，④手作り館，⑤生鮮館，⑥ガーデンレストラン，⑦のみや横丁，⑧コミュニティチャーチ，⑨スポーツセンター，⑩「つかしん」ホールなどであった[19]。

長浜楽市 （総合スーパー）

　長浜楽市は，郊外開発の一環として，1977年に㈱関西西友（現西友）と平和堂が国道8号線バイパス沿いに出店要請があったことからスタートした。その後，西友と地元商店街との4年間に渡る協議が行われた。しかし合意の目途が立たないため，市，商工会議所，市議会，地元選出県議，商業者代表が協議を行い1983年に大店法第3条申請が結審，1987年に5条結審が行われた。合意内容は，西友が中心市街地にある店舗を残すことや地元との協業を打ち出し，42名の商工会議所組合員が「協同組合長浜商業開発」を設立し西友と共同で事業を進めることであった。

　同時に市は，市営駐車場の整備，買物公園の整備，大通寺，曳山などの文化遺産の活用を行なうこととなった。さらに，市は特別融資による支援，観光情報センターの設置，アクセス道路整備などの公共支援を行った。

　長浜楽市は「つかしん」につぐ西友長浜楽市店を中心としたまちづくり型ショッピングセンターであり，アミューズメント施設，レストラン，ドライブインシアター，洋蘭園，地元出店者の店舗などが一体となって街を形成している。店舗面積3,000坪のうち約3分の1を地元専門店が，3分の2を西友が占めた。大手流通企業が開発したショッピングセンターに入居するケースは多いが地元商店街が組合を結成して共同開発者となったのは長浜楽市が全国初のケースであった。

　尚，セゾングループとして官民一体となり地元との共同方式による開発事例は西友にディベロッパー事業という新たな道を開くこととなった[20]。

天満屋岡山本店 （百貨店）

　岡山の中心市街地は，天満屋岡山店を核に，南北に老舗が並ぶ表町商店街と髙島屋や地下街の立地する駅前地区に分散している。その表町商店街は天満屋岡山店から南に離れるほど空き店舗が増えていくという状況である。特にバブル崩壊後の空き店舗の増加が著しい状態であった。

　岡山市では市の経済企画総務課の下に商店街連合会がぶらさがる体制を取っ

ており，市は商店街連合会に対して助成やイベント開催支援を行っている。しかし，行政，商工会議所，商店街，百貨店の連携を主体的に取りまとめるところがなく市街地活性化計画もなかなか進まなかった。

表八ヶ町の各商店街はにぎわいの創出をめざしてアーケードの改修，駐車場の整備を図りつつ各種活性化事業を推進した。

天満屋岡山店は90年以降，自社所有の土地に加え空店舗を借り上げ高級ブランド等の出店を行っており，将来的には特選ブランド街にしたいという意向でまちづくりに参画していた。この天満屋岡山本店による商店街への高級ブランドの出店は商店街の活性化の一翼を担っている。また岡山商店街連合会や表町商店街連合会の会合やイベントに参加するなど街の活性化に取り組んでいる。

表町商店街にとって大型店は商圏内で補完関係を持ち，集客への相乗効果を生み出す存在として捉えられている。百貨店にとっても，周辺エリアに積極的に集客を生み出すためには商店街との連携による街の魅力化が欠かせない戦略となっているのである[21]。

三越高松店（百貨店）

高松市の丸亀町商店街は，郊外型商業施設の出店や瀬戸大橋による岡山への流出，明石海峡大橋による関西への流出に苦しむ商店街である。また半径1kmのエリア内にあらゆる施設が集まるコンパクトシティを形成している街でもある。商店街は南北にアーケード街が発達しており，その中で有名なのが丸亀町商店街である。しかし，郊外型商業施設と中心街でのダイエー，コトデンそごうなどの大型施設の閉店などが重なり来客数が激減していた。また商店街の物販が服飾雑貨に偏った構成となっていることも魅力の低下に拍車をかけていた。

1990年に高松丸亀商店街振興組合が再開発に着手した。1994年から2003年の間に4つの駐車場を建設し，この駐車場事業の成功により執行部は信頼を獲得し，資金力確保などを実現した。その上で商店街を7ブロックの街区に分

け，順に再開発していくという事業を開始した。1998年にはまちづくり会社も設立し，2006年には最北端のＡ街区での再開発ビルの開業を実現した。

再開発を実現するために土地所有権と建物所有権，土地建物使用権をそれぞれ分離し，地権者と土地建物の使用者を分離する手法を取り入れた。

高松丸亀町商店街はＡ街区開発にあたって三越に声をかけ連携することで商店街と百貨店が一体となったブランド性，ファッション性の高い商業地区形成に取り組んだ。

三越高松店はそのＡ街区のテナントとして東棟１～２階を賃貸し，高級ブランドの路面店を誘致し，魅力化を図った。三越高松店はもともと再開発街区と自社店舗の間にあるブロックの床も賃貸し，他の有名ブランドのリースを行っており３ブロックにわたりブランド店を路面展開したことで商店街のファッション性が向上したのである。また，三越高松店では店舗のエントランスロビーの整備，総合インフォメーションを街全体の案内機能とした。クロークも商店街と共有化するなどサービス面での商店街への貢献に取り組んでいる。

また，商店街は三越所有の土地に駐車場を建設し，三越と一体化したデザインを施した。さらにホールなどのコミュニティ施設の提供やベンチなどの設置，街路樹，街灯などの整備を行った。こうして商店街と百貨店が連携したまちづくりが行われた[22]。

【注】

1）ただし，この方法では，成功に至る要因条件の組み合わせパターンが明らかになるだけなので，因果関係を考察するためには，分析から見出された成功事例を過程追跡法（Process tracing）によって詳細に分析する必要がある。

2）紙幅の都合により，これらの事例のAppendixは補論を参照のこと。

3）論理残余である122通りの組み合わせパターンついて，論理的には存在し得るからといってすべてのパターンを考慮するのは，本研究の目的に照らして考えた場合，得策ではない。その理由は，可能なすべての論理残余を考慮することで組み合わせのパターンが多様化しすぎ，その結果，多様な解が出てくるため分析自体が煩雑になり，かつ，結果の解釈も困難になるからである。論理残余について慎重な考察が必要とされるのは，「ＡとＢ

第6章　大規模商業施設によるまちづくりの成功要因についての探索的研究　○────203

の組み合わせもあり得る」といった未来の予測においてである（田村 2015）。

4）PRI 整合性のスコアにより，その行の組み合わせがどの程度矛盾しているのかを確認することができ，その行が示す原因条件構成が十分条件として妥当であるかを確認することができる。

5）整合性が低くなる理由を田村（2015）は 3 つ指摘している。それらは，①重要な原因条件が欠けている場合（＝因果モデルが不適切な場合），②結果や原因条件の定義・概念化・測定に問題がある場合，そして，③分析している事例が母集団と不整合である場合（＝同じ原因が一方で成功につながり，他方で失敗につながる場合），である。

6）たとえばその行に該当する事例が 5 あるときに，そのうちの 1 つだけが結果を生じさせている場合は整合性が 0.2（1 事例／ 5 事例）となる。

7）ただし，Fiss（2011）は Ragin（2008）の 0.75 という基準に依拠しつつも自身は 0.80 以上という基準を採用している。たとえば Frösén et. al.（2016）のように，こちらの基準を採用する研究も存在する。本稿の執筆時点（2019 年 1 月）では，この基準についての評価は，社会科学分野における統計分析の基準値，すなわち p 値 <0.05 のような統一した合意は存在しないようである。

8）fsQCA では分析条件の選択について解析者が制約を与える Specify Analysis と，そうした制約を課さない Standard Analysis がある。本研究は探索的な段階にあり，原因条件が結果にどのように影響するのかよく分かっていないことから Standard Analysis を用いた。

9）複雑解は，経験データが存在する真理表の行のみから導出される。それに対して最簡解は，すべての解の中でもっとも複雑でない解のことで，中間解は集合関係と複雑性の両方の点で中間にある解で，最簡解の部分集合であると同時に複雑解の上位集合である。

10）本分析においては，経験事例が存在しない条件組み合わせ（論理残余）はすべて削除したため，中間解と複雑解は同一の結果となる。

11）成功事例のうちで，それぞれの条件組み合わせパターンをもつ事例が占める比率。

12）成功事例のうちで，特定の条件組み合わせパターンをもつ事例が占める比率のことで，複数の条件組み合わせパターンをもつ事例を除いたもの。

13）析出された条件組み合わせパターンをもつ事例のうちで，成功事例が占める比率。

14）成功事例のうちで，析出された条件組み合わせパターン（本研究の場合は 3 つ）をもつ事例が占める比率。

15）藻谷浩介監修・日本百貨店協会（2007）『先進・まちづくり事例と百貨店』日本百貨店協会。経済産業省商務流通グループ中心市街地活性化室（2008）『不動産の所有と利用の分離とまちづくり会社の活動による中心商店街区域の再生について　中間とりまとめ報告書』。山本俊貞（2003）「神戸旧居留地の景観形成」『都市政策』第 58 巻第 3 号。山本俊貞

（2003）「神戸旧居留地のまちづくり」『都市政策』No.111。『日経ビジネス』1993 年 7 月 12 日付。『日本経済新聞』1991 年 11 月 19 日付。『日経流通新聞』1986 年 10 月 23 日，1987 年 6 月 6 日，1991 年 11 月 19 日付。『朝日新聞』1994 年 3 月 25 日付。『日刊工業新聞』1999 年 1 月 22 日付。HP 都市環境デザイン会議関西ブロック『都市環境デザインセミナー 1999 年第 7 回記録 基調講演まちづくりのすすめ 長澤昭』。

16) 藤岡里圭（2007）「百貨店のまちづくり」『Osaka University of Economics Working Paper Series』。経済産業省商務流通グループ中心市街地活性化室（2008）『不動産の所有と利用の分離とまちづくり会社の活動による中心商店街区域の再生について中間とりまとめ報告書』。

17) 上野千鶴子・中村達也・田村明・橋本寿朗・三浦雅士（1991）『セゾンの発想』リブロポート。上之郷利昭（1986）『堤清二のイベント戦略』太陽企画出版。北田暁大（2011）『増補広告都市東京その誕生と死』筑摩書房。立石泰則（1995）『堤清二とセゾングループ』講談社。増田通二（2005）『開幕ベルは鳴った』東京新聞出版局。増田通二監修・アクロス編集室編・著『パルコの宣伝戦略』パルコ出版。由井常彦編（1991）『セゾンの歴史上・下』リブロポート。

18) 楠田恵美「玉川髙島屋 SC という起源」『モール化する都市と社会』若林幹夫編著，NTT 出版所収。倉橋良雄（1984）『ザ・ショッピングセンター』東洋経済新報社。 彦坂裕（1999）『二子玉川アーバニズム』鹿島出版会。倉橋良雄（2009）「SC 経営成功のポイント」『SC JAPAN TODAY』No. 424。國原浩・彦坂裕（2009）「開業 40 周年を迎えまちづくりをさらに深化させる玉川髙島屋ショッピングセンター」『SC JAPAN TODAY』No. 424。『日経ビジネス』2005 年 10 月 31 日付。

19) 上野千鶴子・中村達也・田村明・橋本寿朗・三浦雅士著（1991）『セゾンの発想』リブロポート。立石泰則（1995）『堤清二とセゾングループ』講談社。由井常彦編（1991）『セゾンの歴史上・下』リブロポート。流通産業研究所編（1986）『街づくり発想の時代』ダイヤモンド社。「人を集める」清水教彦（1988）『運輸と経済』第 48 巻第 8 号。『WILL』1986 年 6 月付。『日経ビジネス』1986 年 1 月 6 日付，1987 年 9 月 28 日付。

20) 上野千鶴子・中村達也・田村明・橋本寿朗・三浦雅士（1991）『セゾンの発想』リブロポート。角谷嘉則（2003）「滋賀県長浜市の商業政策による調整と振興」『政策科学』立命館大学政策科学会 13 巻 1 号。立石泰則（1995）『堤清二とセゾングループ』講談社。長浜市総務部市史編さん担当（1993）『長浜物語』長浜市伊市制 50 周年記念事業実行委員会。矢部拓也（2010）『中心市街地の衰退と再生のメカニズム』徳島大学社会科学研究第 23 号。由井常彦編（1991）『セゾンの歴史上・下』リブロポート。

21) 経済産業省商務流通グループ中心市街地活性化室（2008）『不動産の所有と利用の分離

第6章 大規模商業施設によるまちづくりの成功要因についての探索的研究 ○───205

とまちづくり会社の活動による中心商店街区域の再生について中間とりまとめ報告書』。
藻谷浩介監修・日本百貨店協会（2007）『先進・まちづくり事例と百貨店』日本百貨店協
会。
22）経済産業省商務流通グループ中心市街地活性化室（2008）『不動産の所有と利用の分離
とまちづくり会社の活動による中心商店街区域の再生について中間とりまとめ報告書』。
藻谷浩介監修・日本百貨店協会（2007）『先進・まちづくり事例と百貨店』日本百貨店協
会。『日経ビジネス』2007 年 5 月 28 日付。

【参考文献】

阿部真也（1995）「中小商業と街づくりの課題」, 同編『中小小売業と街づくり』大月書店,
1-27。

畢滔滔（2014）『よみがえる商店街 アメリカ・サンフランシスコ市の経験』碩学舎。

出家健治（2013）「環境・高齢化問題と地域の再生―市場と非市場の連携による新たな商店
街の活性化―」, 佐々木保幸・番場博之編『地域の再生と流通・まちづくり』白桃書房。

Fiss, P. C.（2011）, "Building better casual theories: A fuzzy set approach to typologies in
organizational research," *Academy of Management Journal*, 54（2）, 393-420.

Frambach, R. T., P. C. Fiss, and P. T. M. Ingenbleek（2016）, "How important is customer
orientation for firm performance? A fuzzy set analysis of orientations, strategies, and
environments," *Journal of Business Research*, 69（4）, 1428-1436.

Frösén, J., J. Luoma, M. Jaakkola, H. Tikkanen, and J. Aspara（2016）, "What Counts Versus
What Can Be Counted: The Complex Interplay of Market Orientation and Marketing
Performance Measurement," *Journal of Marketing*, 80（3）, 60-78.

藤岡里圭（2008）「まちの変化と百貨店の戦略―大丸心斎橋店による周辺開発の事例―」,
『流通情報』, 第 475 号, 15-21。

原田英生（2003）「まちづくりと商業論」, 加藤司編『流通理論の透視力』, 千倉書房, 195-
214。

Ho, J., C. Plewa, & V. N. Lu（2016）, "Examining strategic orientation complementarity using
multiple regression analysis and fuzzy set QCA ," *Journal of Business Research*, 69（4）,
2199-2205.

石田淳（2009）「ファジィセット質的比較分析の応用可能性― fsQCA による人間開発指数の
再構成―」, 『理論と方法』, 24（2）, 203-281。

石原武政（2000a）『商業組織の内部編成』千倉書房。

石原武政（2000b）『まちづくりの中の小売業』有斐閣選書。

石原武政（2006）『小売業の外部性とまちづくり』有斐閣。

石原武政・石井淳蔵（1992）『街づくりのマーケティング』日本経済新聞社。

岩永忠康（1995）「中小小売業の振興政策と街づくりの視点」，阿部真也編『中小小売業と街づくり』大月書店，61-91.

鹿又伸夫・野宮大志郎・長谷川計二編著（2001）『質的比較分析』ミネルヴァ書房。

野口智雄（1999）「大店立地法，中心市街地活性化法でどう変わるか」久保村隆祐編『中小流通業革新への挑戦 専門店がまちづくりを担う』日本経済新聞社，234-252。

Öz, Ö. (2004), "Using Boolean- and Fuzzy-Logic-Based Methods to Analyze Multiple Case Study Evidence in Management Research," *Journal of Management Inquiry*, 13 (2), 166-179.

Ragin, C. (2000), *Fuzzy Set Social Science*, The University of Chicago Press, Chicago and London.

Ragin, C. (2008), *Redesigning Social Inquiry: Fuzzy Sets and Beyond*, The University of Chicago Press, Chicago and London.

Rihoux, B., and C. Ragin (2009), *Configurational Comparative Methods: Qualitative Comparative Analysis (QCA) and Rerated Techniques*, Sage Publication, Inc.（石田淳・齋藤圭介監訳『質的比較分析（QCA）と関連手法入門』晃洋書房，2016 年）.

関根孝（2003）「まちづくりと商業集積」，専修大学マーケティング研究会編『商業まちづくり 商業集積の明日を考える』白桃書房，1-33.

関根孝・横森豊雄編『街づくりマーケティングの国際比較』同文舘。

角谷嘉則（2009）『株式会社黒壁の機嫌とまちづくりの精神』創成社。

田村正紀（2015）『経営事例の質的比較分析—スモールデータで因果を探る—』，白桃書房。

田中道雄（2006）『まちづくりの構造 商業からの視角』中央経済社。

宇野史郎（2007）「まちづくり三法の改正と地域商業の方向—九州地域を中心に—」，『流通研究』，10 (1・2)，113-129。

渡辺達朗（2010）「まちに賑わいをもたらす地域商業」，石原武政・西村幸夫編『まちづくりを学ぶ 地域再生の見取り図』有斐閣，149-169。

渡辺勉（2001）「社会運動の発生—国際比較分析への応用—」，鹿又伸夫・野宮大志郎・長谷川計二編『質的比較分析』ミネルヴァ書房，95-112。

Woodside, A. G. (2013), "Moving beyond multiple regression analysis to algorithms: Calling for adoption of a paradigm shift from symmetric to asymmetric thinking in data analysis and crafting theory," *Journal of Business Research*, 66 (4), 463-472.

横山斉理（2019）『小売構造ダイナミクス—消費市場の多様性と小売競争—』有斐閣。

第7章

学校における食育の進め方について（提言）
―家庭・食品関連事業者等との連携を通して―

1. はじめに

　食育基本法の前文には「食育を，生きる上での基本であって，知育，徳育及び体育の基礎となるべきもの」と位置付けている。そして『様々な経験を通じて「食」に関する知識と「食」を選択する力を習得し，健全な食生活を実践することができる人間を育てる食育を推進することが求められている』[1]と記されている。従前から，学校教育においては，人が生きていく上で必要となる基本的な能力を育てる「知育」「徳育」「体育」は重視されていたが，これらの基礎として「食育」が法律において示されたことの意義は大きい。人が自らの個性を発揮し，社会の中で生涯を通して，健全で豊かな人生を過ごしていく上での基盤となる能力の基礎として「食育」が定められたことになる。このことは，その教育の責務の一翼を担う学校にとって真摯に受け止めなければならない内容である。

　そこで，本書はこのことを前提に現在，国民運動として推進されている食育について，内閣府[2]及び農林水産省が国民の意識を把握するためにまとめた「食育に関する意識調査報告書」のデータなどをもとに，学校が担う食育の内，家庭との連携やIEO（Informal Eating Out）[3]など食の外部化の進展を活用する食育の推進策について考察をした。

2．学校の食育を進めるにあたって

　食育基本法は 2005（平成 17）年 6 月 10 日に成立し，同年 6 月 17 日公布，同年 7 月 15 日に施行された。学校においても食育推進の一翼を担い，それ以前に比して各種の取組がなされ 10 年強が経過した。そこで，食育について内閣府及び農林水産省がまとめた調査結果報告書である「食育に関する意識調査報告書 [4]」（以下に調査報告書と記す）などをもとに，学校が食育を進めるにあたって，まず理解しておかなければならないことについての考察をした。

2−1　若者世代の食生活に関わる課題と学校における食育の進め方

　食育が法律に定められ，その下で教育を受け始めた世代は現在 20 歳代に達している。この 20 歳代を含む若者世代については，内閣府第 6 回食育推進会議資料である「第 3 次食育推進基本計画（案）」の中の「これまでの取組と今後の展開」において，次のような指摘がなされている「特に若い世代では，健全な食生活を心がけている人が少なく，食に関する知識がないとする人も多い。また，他の世代と比べて，朝食欠食の割合が高く，栄養バランスに配慮した食生活を送っている人が少ないなど，健康や栄養に関する実践状況に課題が見受けられる」(p.2)。この他，内閣府食育推進室の「第 3 次食育推進基本計画参考資料集」では，第 1「食育の推進に関する施策についての基本的な方針」の 1 の「重点課題」の (1)「若い世代を中心とした食育の推進」において「20歳代及び 30 歳代の若い世代は，食に関する知識や意識，実践状況等の面で他の世代より課題が多い [5]。このため，こうした若い世代を中心として，食に関する知識を深め，意識を高め，心身の健康を増進する健全な食生活を実践することができるように食育を推進する。また，20 歳代及び 30 歳代を中心とする世代は，これから親になる世代でもあるため，こうした世代が食に関する知識や取組を次世代に伝えつなげていけるよう食育を推進する。具体的には，インターネットや SNS（ソーシャルネットワークサービス）等を通じた若い世代に対す

る効果的な食育に関する情報提供や，地域等での共食の推進，食に関する学習や体験活動の充実等，若い世代における食育の推進が挙げられる」(p.33) と記されている。ここで挙げられている若い世代のうち，食育基本法の施行のもと学校において食に関する指導を受けた世代である 20 歳代においても，確かに平成 28 年 2 月の調査報告書を見ると「朝食をほとんど食べない」という割合は，全世帯の 8.2％ に対して，男性が 24.6％，女性が 13.0％ となっており，各世帯別の中で一番高いものとなっているなどの課題が一例として散見できる。しかし一方では，以下に記すような分析も可能ではないか。

　食育への関心度と学校での食育との関係について調査報告書のデータの中から 20 ～ 29 歳世代の数値に注視して調べてみた。すると「食育について関心を持ったきっかけ」について，調査対象者を全世代 (20 歳以上) とした図表 7 － 1 を見ると「学校で習ったこと」が 10.9％ と，他の項目と比べて決して高いものとは言えない。しかし，図表 7 － 2 で男女別・世代別に「食育に関心を持ったきっかけが学校で習ったこと」を見ると 20 ～ 29 歳の世代は，他の世代を圧倒して男女共に高い割合となっている。この結果は学校を卒業して間がなく，学校教育の影響 (記憶) が最も残っている世代であるということも考えられるが，この数値が他の世代と比べて突出して高いことから，直近 10 年の学校における食育は食育へ関心を持つきっかけとなったことについて，一定の効果があったと評価できるのではないか。

図表7－1　食育に関心を持ったきっかけ

	親になったこと	食に関する事件	家庭で日頃から親に教わっていたこと	食に関するイベントへの参加	結婚したこと	子供が学校等で学習したことに影響されたこと	学校で習ったこと	農林漁業体験	その他	分らない
男性	32.2%	33.7%	19.8%	12.9%	8.8%	8.4%	7.3%	4.7%	17.8%	4.9%
女性	46.4%	33.9%	25.6%	15.1%	15.6%	15.9%	13.1%	3.5%	17.4%	2.1%
総数	40.9%	33.8%	23.3%	14.2%	12.9%	12.9%	10.9%	4.0%	17.6%	3.2%

(注)　複数回答であるため，各事項の合計は 100％ にはならない。
出所：内閣府食育推進室「食育に関する意識調査報告書」平成 26 年度

図表7－2　男女別・世代別「食育に関心を持ったきっかけが学校で習ったこと」と回答した割合

	20～29歳	30～39歳	40～49歳	50～59歳	60～69歳	70歳以上
男性	30.8%	9.9%	3.1%	6.2%	6.8%	2.6%
女性	64.6%	14.7%	11.7%	10.6%	9.2%	4.3%

出所：内閣府食育推進室「食育に関する意識調査報告書」平成26年度

　以上，述べた課題と効果について考察してみると，学校における直近10年強の食育は食育に関心を持つきっかけとなる学習効果を上げてはいるが，一部に，学校で学んだ内容がその後の生活においてあまり継続・活用・実践されていないという課題も同時に食育には存在していることが考えられる。このことからも，国民の生涯にわたる食育を推進していくには，この課題に対する方策を日頃の諸指導に意識的に取り入れて，食育を進めることが学校に求められている。学校には，この課題の解決を図り食育を未来に向けて進め広げていく源泉の場として，そして食育を進めるための中核を担う場として今後も期待が寄せられている。

　この食育について新聞記事の件数という角度から見た研究がある。この研究の中で食育の場として取り上げられた記事件数を「学校」「家庭」「行政」別に，2000年から2008年までの間，集計した数値があり，その結果は学校が最も高い構成比となっている。その内訳は学校の平均値が51.2%であり，次に家庭の平均値が21.8%，そして行政の平均値が8.9%であった（上岡・田中 2009, p.333）。この研究の数値からも，学校の食育に対する社会からの期待や関心の高さが読み取れる。そこで次に，この学校における食育をより一層効果的なものとするための進め方について考察をした。

　学校においては，先に挙げた若者世代の食に関する知識や意識，実践状況等の面での課題を意識しながらも児童生徒の食育を進めるにあたって，学校が理解しておかなければならないことの一つに，現在の食に関する社会的環境の変化がある。

　経済のグローバル化や日本人の食文化への希薄化などにより，我が国の食料自給率については低下の一途を辿り，海外への依存度が高くなってしまった。

第7章　学校における食育の進め方について（提言）○───211

また一方，人にとって食物等の摂取は生命を維持するとともに，日々の健康や活動などを支える重要な行為である。しかし，現代社会においては，食の安全性の確保とともに価格が安い，身近にある，手間を掛けずに簡単になどの「安・近・簡単」のもと，人々の多様な欲求を先取りした食品や食に関するサービスが日々創造されている。その結果，食物の摂取に関して必要である食材の調達，調理などの行為が個人から外部機関へと移行している。現在，これら食の外部化という潮流を無視して食育の推進は考えられない時代となった。

2-2　食の外部化の進行

　わが国の食料自給率は，2014（平成26）年度の調査においてカロリーベースで39％，生産額ベースで64％となっている。この割合は1965（昭和40）年度がカロリーベースで73％，生産額ベースで86％（以下同様の表記順），1975年度が54％，83％，1985年度が53％，82％，1995年度が43％，74％，2005年度が40％，69％と減少しつつある（農林水産省，平成27年）。また，家庭内で調理された食事を取る内食（『フードビジネス実用事典』，2013，p.167）と呼ばれる食事形態は近年減少傾向となり，代わって食の外部化が拡大している。この食の外部化については，市場規模（食料・飲料の支出額）で見た場合「中食[6]と外食[7]を合計した食の外部化の割合を見ると，1975年では28.4％であったが，1977年30.0％となり，1990年に41.2％と40％台になった。その後41％前後の期間が長かったが2007年には45.2％となり，2011年でも44.2％となっている」（相原 2014，p.3）という研究データがある。このことから1990年代に中食及び外食など食の外部化が一定程度顕在化し，IEO市場の拡大とともに食の外部化の傾向が散見できる。このことについて『2014年版スーパーマーケット白書』では「消費者調査2013によると平日5日間の夕食における内食・中食・外食の頻度をみると，内食の週あたりの平均利用回数が2.8回と最も多く，週の半分以上を占めている。中食も週あたり1.0回（弁当・惣菜など調理済み品のみ0.6回，温め・解凍・お湯を注ぐなどのインスタント食品のみ0.4回），外食は0.4回の利用がみられる」（一般財団法人新日本スーパーマーケット協会 2014，pp.58-59）と記されて

いる。また，同白書によると「調理済み品（総菜など）」と「素材から調理」という中食と内食を組み合わせた食事形態の頻度を尋ねたところ『全体での利用頻度をみると，週あたりの平均利用回数は 0.9 回，週 1 回以上利用している割合は 33.5％と「調理済み品のみ」「インスタント食品のみ」それぞれの中食利用頻度より高い』（一般財団法人新日本スーパーマーケット協会 2014，p.60）と記されている。以上のことから，中食と内食を組み合わせた食事形態を含めた夕食における中食と外食の合計値の割合は，平日 5 日間で 4 割を超えることが推察される。

　このような食の外部化が進む現代社会にあって，食料自給率減少の背景としては海外からの安価な食材の輸入や主食の米離れなどが挙げられる。また，食事形態の変化は共働世帯や単身世帯，高齢者の増加，そして，その影響からも孤食や個食などライフスタイルの多様化や高齢化がその背景にあると推察できる。

　そして，さらに食の安全性を確保したうえで「安・近・簡単」という消費者のニーズに応えたフードシステムが次々に新たなニーズを創り上げ，その市場規模は拡大を続けている。このフードシステムについて，今田は『フードシステムによる「食行動の代行」は，（中略）進行していった。当初は食物の生産，交換（流通）の代行が主であったが，やがて調理も代行するようになった。近年は摂取も部分的に代行されつつある。さらに，最近では，種々の機能性物質を含有した飲料・食物が数多く販売されており，これらは体内過程で処理されるべきプロセスの代行を目的とした食品であるといえる』（根ヶ山・外山・河原編 2013，pp.274-275）と著書の中で記している。まさに，人間の食に関するすべてがフードシステムによって管理される時代が訪れようとしている。

　その結果，現在社会において人々の食生活を考える場合，このフードシステムを切り離して語ることは到底できなくなっている。このことを前提に食育をどのように進めていくかを考えないと食育は画餅に終わってしまうことになる。

　以上のことを踏まえ，今後の学校教育における食育の進め方についての検討

第7章　学校における食育の進め方について（提言）○————213

を試みた。

2-3　食育の進め方を考察するにあたって

　食育基本法には，第2条から第8条に多様な基本理念が記されていることから，各学校では，その責務として取り組まなければならない項目をその基本理念の中から整理し，明確化することが求められている。そして，その整理・明確化した事項についての各取組は児童生徒の発達段階を踏まえ，系統的な指導計画となるように策定することが重要である。特に，小・中学校においては食育の推進について，学校給食を生きた教材として活用することが求められており，食育の目的を達成することが期待されている。また，そのためには，当該校種間の連携を密にした効果的な指導法の開発が欠かせないものとなる。そこで，この食育についての取組の中核を担う職として，平成16年に栄養教諭制度を創設し，平成17年4月から栄養教諭の配置が始まった。以上のことを踏まえ，学校においては指導体制を構築し，その教育活動全体を通した食育の体系化を図ることが求められるようになった。

　学校における食育に関わる詳細な指導について記したものとしては，文部科学省が平成19年3月に作成した『食に関する指導の手引き』がある。その後，この手引きは平成22年3月に改訂され，第1次改訂版が作成された。この1次改訂に至るまでの間に，小学校及び中学校の学習指導要領の改訂が平成20年3月（告示）に行われ，改正学校給食法が平成21年4月に施行された。この一連の改訂や改正により，学校における食育についての制度が整備・確立された。なお，学習指導要領の改訂にあたっては，中央教育審議会における平成17年7月の健やかな体を育む教育の在り方に関する専門部会の報告書「これまでの審議の状況」において，食育に関する具体的な記述がなされ，学習指導要領における食育の推進についての明確化などの審議状況が報告された。さらに，平成20年1月の答申「幼稚園，小学校，中学校，高等学校及び特別支援学校の学習指導要領等の改善について」において食育は，「社会の変化への対応の観点から教科等を横断して改善すべき事項」として情報教育，環境教育な

どとともに示された（文部科学省『食に関する指導の手引き—第一次改訂版—』平成22年，p.8）。

そもそも学校の教育活動は，その教育計画のもとに実施されており，この教育計画の一翼を担っているものが各学校の教育課程の編成・実施であり，教育課程の編成・実施の基準となるものが，教育基本法やその他諸法令並びに学習指導要領などである。そして，食育について明記された現行の学習指導要領に基づく教育課程の実施が一部移行措置を除いてなされたのが，小学校では平成23年度から，中学校では平成24年度から，高等学校では平成25年度からである。なお，特別支援学校においては，小学校・中学校・高等学校の実施スケジュールに準拠して実施された。このことから学校教育において，食育に係る法体系が概ね整い，教育活動として食育が小学校・中学校・高等学校及び特別支援学校の教育課程に本格的に組み入れられ，系統的な指導のもと，その推進が開始されたのは平成20年代の前半以降ともいえる。

前述したように学校における食育は，食育へ関心を持つきっかけとなったことについて一定の効果があったと評価できる。しかし，20歳代及び30歳代の若い世代については，食に関する知識や意識，実践状況等について，他の世代より課題が多い[8]という指摘もあり，学校における食育について改善の余地は十分にある。

従って，学校教育における食育はこれからがその真価を問われる時期であり，今後ますますその研究開発を進めていくことが求められている。

このことを鑑み，次に本書では学校と家庭との連携，そして食の外部化が進む現代社会における学校での食育の推進と食品関連事業者等との関わりについて，新たな方策の考案を試みた。

3．学校における食育の進め方（各種連携を通して）

前述したように，学校における食育については児童生徒に食育への関心を高める効果があったと考えられる。しかし，この効果はそれ以降の個人の生活に

おいてあまり継続・活用・実践がなされていないという課題がある。この課題の解決を目指す方策の考案とその実施が今後学校の進めるべき食育の方向性の一つとなろう。

この方向性についての具体的な例示として，学校と家庭との連携及び食品関連事業者等との連携・協力を活かした以下の方策の提案をもって，学校における今後の食育の進め方についての提言とした。

３−１　家庭との連携
（提言１）　―児童生徒から家庭や地域に広げる食育の推進を目指して―

平成 27 年３月の調査報告書（平成 26 年度）によると，「食に関心を持ったきっかけ」についての回答のうち，図表７−１で見るように「子供が学校等で学習したことに影響されたこと」を挙げた割合は 12.9％である。また，この回答者は図表７−３から見て取れるように，子育て世代及び子育て経験世代の女性の割合が高いことが分かる。このことは，保護者，特に母親が学校における子供の学習やその他諸活動に強い関心を持っていることの裏付けであり，保護者の持つ子供に対する特性でもある。そこで，この保護者の持つ子供に対する特性を活用した方策が考えられる。

図表７−３　子供が学校等で学習したことに影響されたことの割合

	20 〜 29 歳	30 〜 39 歳	40 〜 49 歳	50 〜 59 歳	60 〜 69 歳	70 歳以上
男性	10.3%	5.6%	11.3%	13.8%	5.8%	6.1%
女性	4.2%	14.7%	29.7%	18.4%	12.3%	9.1%

出所：内閣府食育推進室「食育に関する意識調査報告書」平成 26 年度

従前，学校における食育は，主として家庭や地域社会などと協力・連携し，特に児童生徒に対する食育の充実を図ることが求められてきた。この考え方を少し変え，学校の実施する児童生徒に対する食育の指導を活かし，児童生徒が主体となって，家庭や地域社会において，その学習の成果を発揮し，食育を推

進する担い手となるような方策を今まで以上に取り入れていく方略を提案したい。この方略により学校の食育の対象は児童生徒から，児童生徒を介して児童生徒の親世代をも包括することになる。このことにより，学校における食育の効果は従前のものと比べて幅広い世代へとその影響を与えることが可能となる。この児童生徒を介して行う学校の食育がより多くの国民の食に関する課題の解決に貢献するという合理的価値を再認識し，今後この取組を今まで以上に重視して実施していくという方策はどうであろうか。

　この方略の具体的取組の一例を記すと，まず学校では各教科や給食などを通して行う食育の指導内容を小単元ごとに「指導のねらい」と「指導の内容」にまとめ，「食育通信」などにより保護者に事前に配布・周知し，協力・連携を求めておく。そして児童生徒たちへは，学校で習得した食に関する知識や技術などの中から各家族の食の実態に即した内容を休日など家族団欒の食卓において伝えるよう，また発表するように促す。具体的には児童生徒の発達段階にもよるが，例えば小学高学年生以降の場合，家族などの健康と食生活についてこれまでに既習した内容をもとに，ある日の家族団欒の食卓に並ぶ料理について，バランスが良いもの（主食・主菜・副菜のバランスを考えた食事）となっているかを児童生徒が自ら考え家族へ伝える。その際，家族からは「食育通信」の記述内容をもとにバランスの良い食事について，子供へ各種の質問を投げかける。これに応え，子供からは食事バランスガイドなどをもとに学習した内容や知識を活用して，その学習段階に応じて追加説明をする。また，この他にも中学生以上の場合などは，家庭科の調理実習などで習得したカロリーや減塩に配慮した料理を児童生徒自らが調理をして食卓に並べ，家族の健康に特に配慮した事項などを伝える。この場合にも家族からは「食育通信」の記述内容をもとに質問をして，子供が習得した知識などを引き出す。なお，この方略の題材には現代社会の課題となっている食品ロス，食品の安全性，食料自給率，朝食の欠食，食文化なども考えられる。

　以上のような手法により，発表の機会という目標を得た児童生徒は，習得した食に関する各種の知識・技術を各家族の食の実態を踏まえ，評価して伝える

第7章　学校における食育の進め方について（提言）○────217

という目的を持って，より一層食育に強い関心を持ち，その活動に取り組む意欲の向上が期待できる。一方，保護者は家庭において子供の発表を聴き，子供の成長を実感するとともに，その発表内容や配布された「食育通信」の記事から自らの食に関する知識の再確認や新たな知見なども獲得できる。このことにより，食育は児童生徒を介して家庭に拡散し，学校における食育は今まで以上に広がることが期待できる。しかし，この手法には各家庭の経済的な環境や生活環境などを考慮に入れて，家庭への理解と協力を得るために如何に要請するかが，その実効性を高める鍵となる。

　この方略と同様に各地の自治体が主導し，地元の食品スーパーや食品加工業者など食品関連事業者等と連携して，児童生徒たちに食についての知識・技術を授ける体験学習の場を設定する。そして，児童生徒たちが習得した知識・技術を発表・公開する場を地元で設定・開催し，この場を通して食育を地元の住民に拡散することも考えられる。

　これらの取組により，児童生徒は学校や地域から習得した基礎的・基本的な知識・技術を活用して，家族や地域住民へ，その内容について如何に伝えるかを「思考し，判断し，表現する主体的な姿」を自ら創り出す。この児童生徒の主体的な姿にこそ，学習の成果を適切に生かそうとする社会の実現を見ることができる。すなわち生涯にわたり学習する国民の姿を創り出す原点となり，現在，教育に求められている生涯学習の理念を国民に浸透させるものともなり得る。このように，この方略は児童生徒が学校で習得した食に関する知識・技術などを活用して主体的に家族や地域社会にその成果を発信するという意図を持ったものである。この意欲的な実践力を児童生徒に身に付けさせ，前述した課題の解決に繋げる取組がこの方略の狙いである。学校での指導は，学校での学習活動で完結するのではなく日常の生活の中で継続的に活用・実践する体験までを学習の一単元と考えるものへと改善するということである。学校で習得した食に関する知識や技術をテストなどの評価で終了するという一過的なものとして終わらせず，その後の人生・生涯にわたり継続・活用・実践する意欲と態度の育成までを重点に置くことに特に拘りをもって取り組むということであ

る。食に関する学習は，その効果がその後の人生や日常生活に継続・活用・実践されることにより価値を得るものである。今後学校においては今まで以上に，この価値を意識して各活動を見直し，改善に努めることが学校の進めるべき食育であると考える。

　このような体験的な手法を取り入れることにより，児童生徒は学校で習得した知識や技術を実際の日常生活においてどのように生かしていくかを実体験し身に付けていく。すなわち獲得した知識や技術は日常生活の中で恒常的に活用され，生涯にわたる自らの意識や行動が形成されていく過程を理解する。その結果，児童生徒は食に関する知識や技術を生涯にわたって継続して学び続けることの意義を理解し，その知識や技術を活用する実践的な意欲や態度を自らが培うこととなる。

　この手法は，児童生徒自身にとっても学習内容の定着率を高めることに繋がるという研究がある。学習した内容の定着率（平均学習定着率）について，研究開発された Learning Pyramid [9)] においては，Lecture 5％，Reading 10％，Audio Visual 20％，Demonstration 30％，Discussion Group 50％，Practice By Doing 75％，Teaching Others 90％という結果が記載されている。この研究の成果を尊重すれば，学習内容の定着率については「他者に教える」こと（Teaching Others）が最も効果があるということになる。また，ここで提案した児童生徒が主体となって食育を進める方策は，児童生徒自身が習得した知識や技術を活用して，家族などに料理を提供するなどという実践的な体験活動（Practice By Doing）を伴う。そして，学校で学んだ健康や食に関する内容を話したりすることにより，家族などからの質問や意見に対応する活動（Discussion Group）は，特定の教科から得た知識や複数の各教科から得た知識を横断的・総合的に活用・探究する活動などを源泉に行われている。このように Practice By Doing や Discussion Group，そして Teaching Others は，次期学習指導要領で取り上げられている「主体的・対話的で深い学び」，そして従前から取り入れられている「教科横断的・総合的な学習」や「体験学習」などと相通じる要素があると考えられる。Practice By Doing，Discussion Group，Teaching

Others については，学習内容の定着率の精度という観点から疑義もあると思うが，食育を通して学校で学んだ内容を継続・活用・実践する意欲や態度を育てるという面から，他の学習形態に比べて学習内容の定着を高める効果があるものと考えられ，この方策による食育の実行的価値を保証するものと言える。

　次に，生徒の発達段階を踏まえた系統的な指導について考察した。

３−２　児童生徒の発達段階を踏まえた系統的な指導の重視
―学校種間・学年間の連携を重視して―

　前述したように，学校における教育活動は教育課程の編成・実施のもとに行われている。この編成・実施のための大綱的な基準を定めたものが学習指導要領である。そこで，学習指導要領の改訂にあたっては児童生徒の心身の発達の段階に応じて，全国の学校教育において同一の内容と教育水準を確保するために指導内容等の改善が図られている。特に，各教科等については，その発達段階を踏まえた系統的なものとなっている。その系統性については学年間の配慮はもとより，小・中・高等学校など各校種間における接続についても十分配慮されたものとなっている必要がある。このことについて，食育では現行の学習指導要領の第１章総則の第１款教育課程編成の一般方針の３（平成20年改訂の『小学校学習指導要領』，『中学校学習指導要領』及び平成21年改訂の『高等学校学習指導要領』，『特別支援学校小学部・中学部学習指導要領』，『特別支援学校高等部学習指導要領』）に以下のような記述が示されている。また，以下に記した内容については『小学校学習指導要領』，『中学校学習指導要領』，『高等学校学習指導要領』，『特別支援学校小学部・中学部学習指導要領』，『特別支援学校高等部学習指導要領』において，どれもほぼ同様である。そこで，本書では『中学校学習指導要領』の当該箇所を記す。なお，下線は著者が加筆したものである。

学校における体育・健康に関する指導は，生徒の発達の段階を考慮して，学校の教育活動全体を通じて適切に行うものとする。特に，学校における食育の推進並びに体力の向上に関する指導，安全に関する指導及び心身の健康の保持増進に関する指導については，保健体育科の時間はもとより，技術・家庭科，特別活動などにおいてもそれぞれの特質に応じて適切に行うよう努めることとする。また，それらの指導を通して，家庭や地域社会との連携を図りながら，日常生活において適切な体育・健康に関する活動の実践を促し，生涯を通じて健康・安全で活力ある生活を送るための基礎が培われるよう配慮しなければならない。

　この一般方針の3の中で記されている各教科や特別活動などにおいては，前述したように学年間はもとより，小学校から高校まで食育に関する記述が示されていることからも校種間の系統性を十分に配慮した指導の徹底が求められている。このことを疎かにして，食に関する諸課題の解決に対する進展は望めないのではないか。特に，各地区の教育委員会においては，校種・学年間の連携，そしてその後の生活（生涯）における「継続・活用・実践」を実現する食育の推進となるような指導・助言が大切となる。

　前述した『食に関する指導の手引き』平成22年3月では，社会，理科，生活，家庭，技術・家庭，体育，保健体育，道徳，総合的な学習の時間，特別活動などの他，特別支援学校における各教科等，自立活動に関する実践事例が学習指導要領との関わりから明記されている。ここでは社会から特別活動や自立活動まで多数の教科等が示されている。このことは，教科等横断的・総合的な指導や学校の全教育活動を通して食育を推進していくことを求めているということである。このことを踏まえ，ここで記されている実践事例などを参考にして各教科では教科等横断的・総合的で系統的な指導計画の立案を，また学校としては，給食指導も含めた体系的な全体計画を立案する必要がある。そして最も重要なことは，立案した多様な教育活動を通して学んだ知識や技術及び身に付けた態度がその後，生涯にわたって継続・活用・実践されるように考慮され

第7章　学校における食育の進め方について（提言）○———221

た方略となっていることである。

3－3　食品関連事業者等との連携
（提言２）　—生涯にわたり有用となる食育を目指して
###　　　　（国民への食育の定着を図る食品表示の改善策）—

　現代社会は激しく変化している。経済のグローバル化や高度情報通信技術及び科学技術の進展，少子高齢化，核家族化など，社会の変化は今後ますます加速することが予測されている。その変化の中，食育はどの分野を核にして，どのような取組みを進めることが国民にとって有用であるかを熟慮した上で，推進していくことが大切である。

　我が国においては，食育の推進が国民運動として取り上げられる以前に，厚生労働省の「健康日本21」，正式名称を「21世紀における国民健康づくり運動」[10] という施策が存在する[11]。この施策は2000（平成12）年に始まり，2013（平成25）年から「健康日本21（第二次）」がスタートして現在も進行中である。この運動の当初の目的には，「21世紀の我が国を，すべての国民が健やかで心豊かに生活できる活力ある社会とするため，壮年期死亡の減少，健康寿命の延伸及び生活の質の向上を実現することを目的にする」とある。

　食育には食育推進基本計画に見るように多様なねらいがあり，どれもがその達成を目指すべき重要項目となっている。しかしその中で，食育基本法の第1条の目的の後部に「・・・食育に関する施策の基本となる事項を定めることにより，食育に関する施策を総合的かつ計画的に推進し，もって現在及び将来にわたる健康で文化的な国民の生活と豊かで活力ある社会の実現に寄与することを目的とする」とある。このことからも，食育については，国民の将来の健康の保持・増進を図るための分野を食育推進の核にして取り組むべきであると考える。特に生涯にわたり有用となる食育を目指す場合には，この分野の食育をまず重点的に推進すべきである。図表7－4に見るように食生活における関心事の割合では「生活習慣病の予防や健康づくりのための食生活」が「関心がある」「どちらかといえば関心がある」を合わせて91.9％と，選択項目中2番目

222 ————○

に高い割合となっている。また，最も関心度が高い「食品の安全性に関すること」や３番目に高い「子ども達の心身の健全な発育のための食生活」についても視点を変えれば健康と関わるものである。

図表７－４　食生活における関心事の割合

	ア	イ	ウ	エ	オ
子ども達の心身の健全な発育のための食生活	65.9%	20.0%	6.9%	6.4%	0.8%
生活習慣病の予防や健康づくりのための食生活	69.3%	22.6%	4.5%	3.2%	0.4%
消費者と生産者の交流	25.2%	36.6%	26.4%	10.2%	1.6%
食にまつわる地域の文化や伝統に関すること	24.7%	37.4%	26.8%	9.4%	1.7%
食料の自給率に関すること	37.7%	33.4%	19.4%	7.9%	1.6%
食べ残しや食品廃棄に関すること	48.7%	35.1%	11.1%	4.7%	0.4%
食品の安全性に関すること	75.8%	18.9%	2.8%	2.1%	0.3%

（注）（ア）関心がある（イ）どちらかといえば関心がある
　　　（ウ）どちらかといえば関心がない（エ）関心がない（オ）無回答
出所：内閣府食育推進室「食育に関する意識調査報告書」平成 25 年度

　このように，食生活への関心は，健康への関心と密接に関わりがあり，特に学校において系統性を重視して指導すべき分野であると考える。そして，健康の三原則として従前から挙げられている「適正な食事」，「十分な睡眠と休養」，「適度な運動」にも，当然のことではあるが，食に関する事項が入っていることは周知のとおりである。そこで，適正な食事を摂取するには，学校でどのような指導を重視すべきかを次に考察した。

　図表７－５は「日頃の健全な食生活を実践するため，どのような指針等を参考にしているか」についての回答である。この中で，「特に参考にしていない」という人の割合が 45.6％ [12)] となっている。このことから一般的な国民にとって，食生活と健康との関わりには高い関心があるものの，健康を支える食生活について，栄養面の配慮など適正な食事への認識については希薄な面も読み取れる。一方，参考にする指針等がある人の割合は 52.7％であり，主として「３

第7章　学校における食育の進め方について（提言）○───223

色分類」「食事バランスガイド」「6つの基礎食品」を指針としていることが分かる[13]。このことから，学校においてもまず健康を核とした食育を進める場合，栄養素をバランスよく摂ることについての指導を進めることが求められていると考えられる。そこで次に，この栄養バランスについてどのようなことに重点を置いて食育を進めていくかを考えてみた。

図表7－5　健全な食生活のために参考にする指針等の割合（複数回答可）

特に参考としているものがある 52.7%						特に参考にしていない	わからない
3色分類	食事バランスガイド	6つの基礎食品	日本人の食事摂取基準	食生活指針	その他の指針等		
29.8%	28.9%	21.2%	11.4%	7.8%	3.6%	45.6%	1.6%

出所：内閣府食育推進室「食育に関する意識調査報告書」平成26年度

同年度の調査報告書の中に「1日に2回以上，主食・主菜・副菜を3つそろえて食べることは週に何日あるか」という質問があるが，ほぼ毎日という回答は67.8%であった。また，週に4〜5日が13.0%，週に2〜3回が13.2%，ほとんどないが5.9%ということから，週に4〜5日以下の合計は32.1%であった[14]。そして，その32.1%の回答者に「主食，主菜，副菜の3つそろえて食べることができないことに影響を与えている要因」を尋ねたところ，「時間の余裕がない」49.4%，「手間が煩わしい」42.9%との両回答が吐出して高く，「量が多くなる」16.2%，「そろえる必要を感じない」13.7%，「外食が多く，難しい」9.7%，「食費の余裕がない」8.0%と続いた。この結果は予想通りのものであり，現在，人々が食事を生活の中であまり重視していないという状況を垣間見ることができる。現代社会における健康との関わりの一因が食事にあるという実態を見て取れる。即ち，時間や煩わしさを解消するため，調理済みの食品など，中食や外食に頼る環境がそこに存在し，食への安全性を危惧しながら，前述したように「安・近・簡単」を求める消費者の意識は，もはや変えることは不可能となっている。そこで次に，このIEO市場などに頼る現在の食に関する環境を前提に，学校における健康を意識した食育を如何に進めていくかを考察し

た。

　この学校での食育に関する指導により習得させるべき基礎的・基本的な知識・技術とは，第一に「小学校の中学年以上[15]の児童であるならば容易に理解・習得ができるもの」，第二に「習得した知識や技術は日常生活の中で継続的に活用できる環境が整っているもの」，第三に「健康管理にも活用でき，健康管理と密接な関わりを持つもの」などの条件を満たすものとすべきである。これら条件を満たすものこそ，生涯にわたり，その発達段階において有用となる食育の基礎・基本となるものである。特に，図表7－6で見るように，折角，食育の施策が国民に一定程度周知されたにもかかわらず，「定着」を重視する方策の考案とそれを継続活用する環境づくりが不足しているために，例えば食事バランスガイドの認知度や参考度は低下傾向[16]となってしまっている。この課題が上記の条件の第一と第二を満たす方策の策定により解決される可能性を秘めている。すなわち，容易に理解できる内容や比較的容易に習得できる知識・技術を日常的に継続して活用（繰り返して使用）することにより，この知識や技術の確実な定着を促すという取組（環境）を一般社会において実現する方策の考案が必須となっている。

図表7－6　食事バランスガイドの認知度及び参考度の推移

区分	平成20年度	平成21年度	平成22年度	平成23年度	平成24年度	平成25年度
認知度	70.3%	56.7%	60.4%	61.0%	61.0%	55.6%
参考度	69.8%	77.7%	66.3%	61.4%	65.9%	59.5%

（注）　1　農林水産省が実施している「「食事バランスガイド」認知度及び参考度に関する全国調査」（平成20～22年度）及び「食生活及び農林漁業体験に関する調査」（平成23～25年度）に基づき当省が作成した。
　　　　2　認知度は「内容を含めて知っている」又は「名前程度は聞いたことがある」と回答した合計である。
　　　　3　参考度は，食事バランスガイドを「内容も含めて知っている」と回答した者が「いつも参考にしている」，「時々参考にしている」又は「たまに参考にしている」と回答した合計である。

出所：総務省『食育の推進に関する政策評価書』，平成27年10月，p.71

第7章　学校における食育の進め方について（提言）○───225

　具体的な学校での取組としては，健康づくりに有用なバランスの良い食事の
とり方についての指導を明瞭かつ単純化することにより推進していくという方
策である。前述したように図表7－5に示されている「健全な食生活のために
参考にする指針等」の主なものには「3色分類」「食事バランスガイド」「6つ
の基礎食品」が挙げられている。そのうち，食事バランスガイドには3色分類
や6つの基礎食品にはない「1日に（どのような料理を）どれだけ食べたらよい
か」という要素が含まれている。この「1日にどれだけ食べたらよいか」とい
う指導と前述した第一と第二の条件の二つを満たす方策が学校において実施す
べき取組である。

　しかし，食事バランスガイドについては，この指針を食事や買い物の際に参
考にしている方においても約半数が食事バランスガイドの使い方は簡単ではな
いと思っている[17]。この結果，食事バランスガイドは病気や生活習慣病の予
防など，健康上の理由から利用している方など一部を除いてその活用が拡大し
ていない。そこで，この食事バランスガイドの使い方についての改善策として
考案したものがIEOに関わる食品業者を含む食品関連事業者等の協力のもと
に進める現行の食品表示を明瞭化するという方策である。図表7－5の中でも
「参考とする指針等」に挙げられている食事バランスガイドについて，その特
長[18]を活用し図表7－7から図表7－8のように改善する。すなわち，食事
バランスガイドで紹介されている活用法を参考に，主食（黄色）・主菜（赤色）・
副菜（緑色）と，そのおおよその分量（SV＝ serving 図表7－8において2，1，0.5と
記した数値）に関する情報を従前の食品表示情報に付加し，視覚から簡単・明解
に見取ることができるように改善する。具体的には当該食品に含まれる主食，
主菜，副菜とそのおおよその分量について食事バランスガイドに倣い主食，主
菜，副菜のみ[19]（これ以降「主食，主菜，副菜」などを料理区分と記す）についてSV
数とその割合を色別に表示したものを従前の食品表示情報に付加して明瞭表示
する。なお，図表7－8で記したような円形による表示に拘ることはなく，明
瞭に表示できるものであれば他のものでも差し支えない。

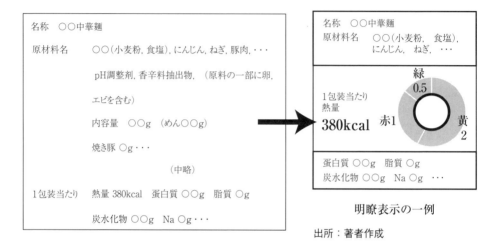

 この3色のみとそのSV数を表示する単純・明瞭な表示を食品表示に付加する環境を食品関連事業者等の協力のもとに作る。この環境により，学校などで習得した食事バランスガイドなどの知識は，学童期から社会人となっても日常的に一般社会において活用され，知識の確実な定着が継続的に図られていく。消費者はこの日常的な「活用（反復学習）」を重ね，自然に弁当や惣菜などの内容並びに量と，図表7－8にあるような料理区分の色別表示と数字（SV数）を見比べることにより，当該食品を見るだけでその料理区分とおおよそのSV数を把握できるようになる。このことにより，色別表示がなされていない他の食品に対しても，この反復学習の効果の恩恵により，消費者は料理区分とおおよそのSV数を見抜く（理解する）能力を獲得するようになることが期待できる。まさに日常的な継続実践の効果がその知識の定着や活用に生かされたということになる。換言すると，国民が自らの健康維持について，国の進める食育の実効性を享受した瞬間である。この反復学習の効果により，料理区分とSV数を見抜く能力の獲得が食品表示を改善したもう一つの教育的価値である。なお，3色の料理区分以外の牛乳・乳製品及び果物については，1日の摂取量を牛乳

第7章　学校における食育の進め方について（提言）○───227

なら一本程度でSV数2，りんごなら1個，みかんなら2個程度でSV数2と適量になることをそれぞれ覚えておけば済むことになる。また，図表7−8に示してあるように，従前の細かな文字[20]で表示された栄養成分などについても法令の関係上，当然消去はしない。

　そこで，消費者は図表7−9で見るように自らの年齢等に応じた黄（主食），緑（副菜），赤（主菜）のSV数さえ覚えてしまえば，この覚えた知識を日常生活に継続して活用することができ，学童期以降生涯にわたり自らの健康について，食という視点から主体的に管理するという自己管理能力の獲得へと繋がっていくことが期待できる。なお，菓子や嗜好飲料（アルコールを含む）についても食事バランスガイドに記されているように1日200kcal程度が上限となることや水の摂取，1日に摂取する総カロリー数も当然理解しておくべき事項である。

　以上，3−3に記した方策は，学校給食などの際に配膳された料理について料理区分（色別区分）とSV数を示した指導が小学校の中学年以降なされていることを前提としている。

図表7−9　対象者特性別，料理区分における摂取の目安

（　対　象　者　）　　　　　　　　（エネルギー） kcal	主食 黄	副菜 緑	主菜 赤	牛乳・乳製品	果物
・6〜9男女，・10〜11歳女子 ・身体活動量の低い12〜69歳女性 ・70歳以上女性，身体活動量の低い12〜69歳の男性　1400 1600 1800	4〜5	5〜6	3〜4	2	2
・10〜11歳男子，・身体活動量の低い12〜69歳の男性 ・身体活動量ふつう以上の12〜69歳女性 ・身体活動量ふつう以上の70歳以上男性　2000 2200 2400	5〜7		3〜5		
・身体活動量ふつう以上の12〜69歳の男性　2600 2800 3000	6〜8	6〜7	4〜6	2〜3	2〜3

(注)　黄，緑，赤は著者が加筆したものである。

出所：内閣府政策統括官（共生社会政策担当）付食育推進室「食育ガイド」p.8

さらに，この方策は各種の健康検診及び体調不良の際の医師や管理栄養士等からのアドバイスについて，この料理区分と SV 数の表示による 1 日に摂取する食事の適量バランスなどを踏まえた食に関する生活面への指導にも活用できる。具体的には，医師等からの色別による食事の適切な摂取へのアドバイスは患者等にとって明解に理解でき，食生活への改善がより進むと考えられる。この医師等から得た自己の健康管理に適した食事のバランスに関する情報などは，その後の食品選別の判断に容易く活用ができる。例えば，弁当やハンバーガーなどの食品購入の際や外食時には，図表 7 - 8 にあるような表示を食品の包装や店のメニューから確認して，自らの健康に配慮した食品の選別が瞬時[21]に可能となる。普段，時間に余裕がなく，また栄養素などの知識不足から，自らの健全な食生活を疎かにしていた方にとっても，食を通した自らの健康管理への取組が容易となるとともに，意欲的なものとなり，その実効性は高まることが期待できる。この表示の改善により，医療と食とが一体化し，身近なものとなる。その結果，病気の予防や各種の健康診断の際の医師等からのアドバイスは，実効あるものへと変えることも期待できる。

　この単純明解な表示方法は，児童生徒にとっても学校での既習の知識を活用し，食品の選別が容易になるとともに，発達段階に応じた学習内容（食育の累積知識）は健康への関心を高め，この知識を生涯にわたり活用する意欲や態度の基盤となることが期待できる。また，繰り返しとなるが，大人にとっては多忙な中，調理済み食品など加工食品について，購入時の選別に際しての判断が簡単・明瞭なものとなり，1 日の栄養摂取のバランスや摂取カロリーについても高い意識を持つようになることが期待できる。結果として健康への自己管理が容易となる。このことは，まさに食育が進める国民的な運動のキーワードである「すべての国民」の「生涯にわたる」に合致するものであり，十分な効果を上げることが期待できる。そして，この改善により国民一人ひとりの自己健康管理能力を高める食育が実現できると確信する。

　なお，すでに諸外国においても食生活指針の普及方法として，このような視覚による指針の普及などは実施されているが，我が国でもここで提案した食品

の包装などに印字する表示法などを開発することによって日本語の表示に不慣れな外国人にとっても，有効なサービスの提供が可能となる。さらに，ここで創造開発された表示方式がインスタント食品，冷凍食品，レトルト食品などの加工食品の輸出により，海外へも拡散周知され，国際的に評価が高い日本型食生活[22]に基づいた表示法が国際的な標準表示（規格）の一部として認められることも期待できる。また一方，我が国が直面している高齢化社会においても高齢者へのサービスという視点から，このような食品表示の明瞭化は必須である。

　そしてさらに，将来的には食品表示の中に，栄養素とその分量や賞味期限（消費期限），熱量などの情報をコード化して，スマートフォンなどを使い読み取らせる食品栄養素等コード（仮称）を開発し，このコードを食品表示に加えることも考えられる。これにより，瞬時に当該食品（弁当や総菜など）の栄養素とその量や熱量などがスマートフォンの画面に表示され，購入・選別の判断に有用な情報源となる。また，この購入した食品の情報はスマートフォンに内存させたソフトウエアにより処理され，食品などの栄養に関する専門的な知識がなくとも，1日に摂った栄養素とその量をもとに画面上の「食事バランスガイド」に適正表示され，自己管理が可能となる。

　それと同時に，食品の在庫管理の情報機能を持たせたタッチパネル式の画面を持つ計量器を開発する。そして，各家庭では食品や食材を購入または使用した際に，この計量器[23]を通してその増減を記録させ，冷蔵庫などに保管する。図表7－10に示したように，保管した在庫食品・食材に関する情報は，必要に応じてスマートフォンに転送・表示させる。この転送させた在庫情報は，本日の夕食の献立などを考える際に，本日，今までに摂った食事の情報とスマートフォン上で合算させ，本人にとって最適な栄養バランスを鑑みた献立の提案を数種類，スマートフォンの画面に表示させる。この表示させた献立の中から，好みに応じた献立を選定し，その献立の調理に不足する食品・食材を画面表示させ，購入するというシステム[24]を開発する。このシステムにより家庭内における食品ロスは減らせ[25]，献立を考える煩わしさからも解放される。

当然このシステムには AI（Artificial Intelligence 人工知能）の組み込みが必要となる。この AI 技術により，長年蓄積された食事のデータやその変化をもとに，個々人の嗜好や季節，体調などを鑑みた献立の提案，煮炊きや食べ合わせなどにより変化する食材の栄養価の計算表示など，栄養素の組み合わせによる体内での化学反応を考慮した情報をも入手可能となる。これら一切のことを踏まえて一般の国民が栄養を管理する能力を獲得することは不可能に近い。しかし，AI 技術の活用により，提案される献立にはこれら栄養素の変化まで計算された結果が画面に表示され，不可能であったことが可能となり得るという利点まである。さらに，メタボリックシンドロームの対策向け，成長期にある児童生徒向け，高齢者向け，各種生活習慣病患者向け，アスリート向けなど多様なニーズに応える献立の提案も可能となる。

図表7－10　AI技術を活用した食に関する情報管理システム

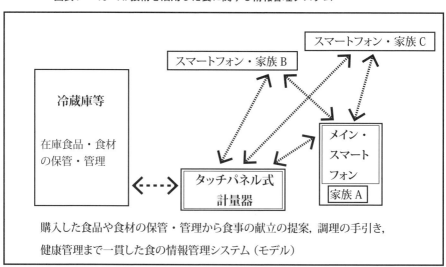

出所：著者作成

第7章　学校における食育の進め方について（提言）○───── 231

　この他，このシステムの応用により各自が選定した献立は，帰宅時の電車の
中で，そのレシピ（調理情報）を画面表示させ確認するということも可能とな
る。また，家族が銘銘に当日摂った食事情報をも同様のシステムにより取り込
み，各自の健康に最適な献立や量などの情報を提供することも可能となる。即
ち，このシステムの開発により有能な管理栄養士の持つ知識と料理本の情報が
瞬時に複合化されることになる。このように AI 技術を活用したシステムが
IEO などに関わる食品関連事業者等と電子機器製造業者等との連携協力など
により，早期に研究開発されることを期待したい。
　一方，このシステムに個人が毎日摂取した栄養やカロリーなどの情報を個別
に記録・保存する機能を持たせ，各種健康診断や医療行為の際に，医療機関に
転送することも考えられる。この転送により，個人の食に関する情報は活用が
容易となり，医師からのより適切な診断や生活習慣への改善指導を可能とする
など，生涯にわたる自己の健康管理と直結するものとなることが期待できる。
以上に記したように，このシステムの開発は，将来その活用が広範囲となる魅
力を秘めている。
　我が国は現在，他国に例を見ないスピードで高齢化が進行している。この進
行により社会保障制度の脆弱化が今後ますます懸念され，我が国の抱える大き
な課題の一つとなっている。将来，この課題解決の転機がこの国の推進する食
育政策にあったと誇れるためにも前述した「AI 技術を活用した食に関する情
報管理システム」の早期稼働が待たれる。そのためには，食育基本法の第 9 条
から第 13 条で示されている各組織・団体が各分野の特性を生かし，英知を結
集することが大切である。特に，関係省庁のリーダーシップのもと，家電メー
カー，ソフトウエアの開発会社，通信会社，医療・医薬・栄養に関わる組織や
団体，食品関連事業者，教育関係者などが協同してこの開発に取り組むことに
より，この研究開発は日本の誇る新たな成長産業へと展開していく可能性をも
秘めている。
　病気を治療する医療技術や医薬開発の進展は，我が国の将来に向けての大き
な財産である。と同時に，国が重点政策として食育を掲げ，国民の食を自己管

理する意識や能力を向上させることも将来の我が国にとっての財産となる。図表7－11で見るように，食に対する自己管理能力の向上は，健康への配慮や生活習慣病など疾病予防の徹底に繋がる。その結果，国が進めている健康寿命の延伸が図れ，国民が享有する健康権の保障の一助となる。この健康寿命の延伸により，医療費が削減され，健康保険制度の安定維持が図られ，この制度の健全化へと繋がる。これらのことから，この食育が我が国の山積する課題解決の糸口の一つとなり得る。

図表7－11　我が国の抱える課題の解決と食育

| 食　育 | 栄養バランスの自己管理 | 主体的な健康管理 | 健康寿命の延伸健康権 | 健康保険制度の健全化 |

4．おわりに

　国は食育を生きる上での基本であって，知育，徳育及び体育の基礎となるべきものと位置付け，国民運動として食育を推進してきた。しかし，食育基本法の施行以来，平成20年度の122.7億円をピークに，予算は平成26年度にはピーク時の12％程度の15.1億円と縮減してしまった。その中で学校においては食育に関わる法整備がなされ，各学校における創意工夫が期待されている。一方，現在学校には食育の推進以外にも，従前よりその解決を早急に求められているいじめや不登校などの課題の他，小学校における「外国語」や「プログラミング的思考を育む教育」など新たな学習領域が次期学習指導要領の改訂により導入された。この改訂においては，この他にも学校教育に関する新たな改革が多々盛り込まれている。このように学校には食育を始め従前から解決が求められていた課題，新たに導入される内容などが多く，果たして学校現場では組織的な準備・対応の体制が整うのであろうか。さらに，児童生徒たちへの指導が丁寧に行き届く時間[26]や教員定数の十分な確保など指導体制は考えられ

第7章　学校における食育の進め方について（提言）○────233

ているのであろうか。さもないと折角優れた教育理念のもと進められている各種の施策は，学校の器量を越え，教育現場の混乱の原因となり，学校教育に対する国民からの信頼と期待を損ねる結果を招くこととなる。この懸念が現実のものとならぬように財政上，予算の継続的な確保などにも十分な配慮を加え，施策の施行に踏み切るべきである。

　食育について現状を見ると，食育の中核を担う職として創設された栄養教諭制度については，共同調理場方式[27] の場合などを採用する学校において，現実問題として栄養教諭の職務の遂行にも限界があると言わざるを得ない状況であると聴く。また，中学校における完全給食の実施がなされていない[28] 自治体など，そもそも給食が行われていない場合の食育の在り方などについても検討が必要となる。

　食育が目指す目的を達成するために，学校が担うべき食育の進め方の研究においては，今後この栄養教諭制度の課題解決や給食が行われていない場合の食育の在り方などについての研究が必要である。また，本研究においては「児童生徒から家庭や地域に広げる食育の推進」や「食育の定着を図る食品表示の改善策」など，提案した方策の実証実験を小・中学校等や一般社会において実施し，その有効性を確認することなどが必要となる。

　人間にとって生命を維持するためには，食物の摂取が欠かせない。日々の活動や身体の成長を支え，体調を整え健康を維持するためのエネルギーの補給や栄養の摂取，そして栄養バランスなどは日頃の食生活と密接に関わりを持っている。食育が真に「知育」「徳育」「体育」の基礎として一般国民に認識され，その生涯にわたり食育により会得した知識などが実践・定着・活用されるよう，各省庁並びに各地方自治体においてはより実効性のある施策を策定し，実施することを望んで止まない。

【注】

1）食育基本法の前文の一部分には『食育を，生きる上での基本であって，知育，徳育及び体育の基礎となるべきものと位置付けるとともに，様々な経験を通じて「食」に関する知

識と「食」を選択する力を習得し，健全な食生活を実践することができる人間を育てる食育を推進することが求められている。』と記されている。また，この前文の一部をもとに政策評価・独立行政法人評価委員会 政策評価分科会 2014（平成26）年12月1日の資料1などでは食育の定義を『1. 生きる上での基本であって，知育，徳育及び体育の基礎となるべきもの。2. 様々な経験を通じて「食」に関する知識と「食」を選択する力を習得し，健全な食生活を実践することができる人間を育てる食育を推進すること。』と記している。

2）2015（平成27）年9月に公布，2016（平成28）年4月に施行された「内閣の重要施策に関する総合調整等に関する機能の強化のための国家行政組織法等の一部を改正する法律」（平成27年法律第66号）により，2016（平成28）年4月1日に全て内閣府から農林水産省に移管され，現在，食育の推進を図るための基本的な施策に関する企画等の事務は農林水産省において行われている。

3）気楽に食べられる外食の事をさし，具体的にはファストフードのような外食や，コンビニエンスストアで米飯，惣菜などを購入し食事をすることであり，主に飲酒を目的とした業態及び給食施設やフルサービスのレストランなどは入らない（相原2015，p.151）。

4）食育に関する意識調査報告書は，食育に対する国民の意識を把握し，今後の食育推進施策の参考とすることを目的に内閣府食育推進室が実施し，結果をまとめたものである。なお，同名称は，第2次食育推進基本計画，すなわち平成23年度以降に使用されている名称であり，第1次食育推進基本計画の期間，すなわち平成22年度までは「食育の現状と意識に関する調査報告書」という名称であった。

5）若い世代の栄養や食に関する知識や意識，実践状況等の面で他の世代より課題が多いということに関するデータは，内閣府食育推進室（平成28年）「第3次食育推進基本計画参考資料集」，pp.25-26及びp.28を参照されたい。

6）「家庭の外部で調理された調理済み食品で完結する食事のこと。（中略）持ち帰りの弁当・惣菜，ハンバーガーなどのファストフードのテイクアウト，コンビニエンスストアのおにぎり，弁当，サンドイッチなどの利用がこれにあたる」（『フードビジネス実用事典改訂版』，2013，pp.167-168）

7）「家庭外の施設で，その場で調理された食事をとること」（『フードビジネス実用事典改訂版』，2013，p.110）

8）平成27年度の調査報告書によると「食品の選択や調理についての知識」については回答対象者を全世代とした場合「あると思う」（「十分あると思う」と「ある程度あると思う」の合計）の割合は63.4%であり，若い世代の場合は44.8%であった。また「食品の安全性に対する意識」についても同様に，全世代の場合「あると思う」の割合は79.7%であり，若い世代の場合は66.3%であった。さらに「健全な食生活の実践の心がけ」でも全世

第7章　学校における食育の進め方について（提言）○───235

代の場合「あると思う」の割合は76.6%であり，若い世代の同割合は68.4%であった。

9）国立国会図書館レファレンス協同データベース，レファレンス事例詳細によると
Learning Pyramid の出典については二つ紹介されている。その一つが National Training
Laboratories（出版年などはなし）のものであるが，ここに記されている学習定着率につ
いて「学習定着率の根拠がない，という記事がいくつかあるが，逆にきちんと出典が明記
されている記事・論文を見つけることができなかった」とある。また，その他に参考とな
る論文の紹介がなされている。以上のことから学習定着率については科学的に証明された
ものではない。しかし，近年取り上げられている「問題解決型の学習」や「主体的・対話
的で深い学びを取り入れた学習」，そして「体験的な学習」とも共通する要素があり，
Discussion Group，Practice By Doing，Teaching Others などは通常の座学などによる一
斉指導などに比べて学習内容をより定着させる効果が期待できると考える。

10）この施策は，厚生労働省により生活習慣病及びその原因となる生活習慣等の課題につい
て，「21世紀における国民健康づくり運動（健康日本21）について」の各論で示されてい
る9分野（栄養・食生活，身体活動と運動，休養・こころの健康づくり，たばこ，アル
コール，歯の健康，糖尿病，循環器病，がん）ごとに，2010年度を目途とした「基本方
針」，「現状と目標」，「対策」などを掲げ，始まった運動である。

11）当時の厚生省は昭和53年から第1次の国民健康づくり，昭和63年から第2次の国民健
康づくりとしての諸対策を推進してきており，第3次の国民健康づくりの対策として健康
日本21をもって目標等の提示をし，同時に国民健康づくり運動を進めた。

12）平成28年3月の調査報告書では，特に参考にしていないとする人の割合は35.2%と低下
している。

13）平成28年3月の調査報告書では，参考にする指針等がある人の割合は63.4%へと高まっ
ている。また，その参考としている指針については，「食事バランスガイド」が40.9%，
「3色分類」が34.4%，「6つの基礎食品」29.9%となっている。

14）平成28年3月の調査報告書では，「1日に2回以上，主食・主菜・副菜を3つそろえて
食べることは週に何日あるか」という質問があるが，ほぼ毎日という回答は57.7%であ
り，本文に記した調査年の結果より減ってしまっている。また，週に4〜5日が19.9%，
週に2〜3回が16.6%，ほとんどないが5.8%ということから，週に4〜5日以下の合計
は42.3%であった。

15）小学第3学年及び第4学年の教科「体育」の内容におけるG保健の（2）のウに「体をよ
りよく発育・発達させるには，調和のとれた食事，適切な運動，休養及び睡眠が必要であ
る。」文部科学省『小学校学習指導要領』平成20年3月告示，p.97ということが記されて
いる。このことについて，教科書（大津一義他12名『たのしいほけん3・4年』大日本

図書，平成26年四版，p.26）の記述の一例を記すと次のようなものがある。「よりよく成長するための生活」という単元において，体の成長に大切な栄養素として，炭水化物，蛋白質，カルシウム，ビタミンが示され，それぞれにご飯，卵，牛乳，野菜などと具体的な食品が記されている。 以上のように，小学校の中学年から栄養素についての学習が始まる。

16）ただし，この認知度については平成26年度が59.7％，平成27年度が57.2％と平成25年度の55.6％に比して改善し，参考度についても平成26年度が69.1％，平成27年度が68.2％と平成25年度の59.5％に比してかなり改善している。しかし，共に過去の最高値には達していない。

17）食事バランスガイドについて参考にしていると回答した方について「参考にしている理由」を尋ねたところ，平成25年度から27年度では「使い方が簡単であるから」という問いに対して「はい」が41.5〜47.9％，「いいえ」が42.5〜52.3％の間でそれぞれ推移していることからも使い方（活用）については簡単であると感じていないという結果となった。農林水産省「食生活及び農林漁業体験に関する全国調査」平成25年度〜27年度

18）食事バランスガイドには「何（どの料理）を」「どれだけ食べたらよいか（SVで表示）」ということが理解し易いという特長がある。このうち「何を」を色で表示し，「どれだけ食べたらよいか」という目安をSV数で表示する。この色別表示により1日分のSV数の累計は把握しやすく記憶しやすくなり，食事バランスガイドの特長をより一層生かすことができる。また，SV数については一定量に達しない分量を表示から除外するなどして，0.5刻みでの表示とし，一層の単純化を図り，明瞭性を確保する。なお，本書で記した単純明瞭な表示法は厚生労働省及び農林水産省が定めた食事バランスガイドのイラスト等の利用についてのガイドラインから逸脱しているという課題がある。

19）食事バランスガイドで示されている牛乳・乳製品や果物のSV数についても当該食品に一定量以上含まれる際には別の色で表示に加えることも考えられる。また，例えばシチューなどの場合は主菜（赤1）と副菜（緑2）など料理区分が2色表示となることや，食パンなどは料理区分が1色表示ということもある。しかし，この場合でもSV数を表示することが食事バランスガイドの特長であり，この特長により消費者は当該食品の摂取にあたり料理区分とともに，その食品のおおよその分量（SV数）を把握することができる。なお，これまでも図表7−8に記されているような円形によるイラストなどにより食品に含まれる栄養素と体内の働きとの関係などを説明する図示はある。

20）食品表示について「文字が小さいため分かりにくい」という調査結果については，池戸（2013），p.112を参照

21）食品の容器包装などに印字されている細かな文字の栄養成分の表示を読み，確認するこ

第7章　学校における食育の進め方について（提言）○───── 237

となく，図表化され色別された表示を見て瞬時に食品の選別が可能となる。

22）平成25年12月にユネスコの無形文化遺産に登録された和食文化としての日本型食生活。

23）冷蔵庫などに保管する食品や食材については購入後に入庫，そして調理のために出庫する際，その梱包部分に表示されている食品栄養素等コード（仮称）をタッチパネル式計量器に読み取らせる。調理後の食材の残部などを入庫する際も同様にコードを読み取らせるとともに，その残量については計量や目分量により，計量器のパネルに表示されている使用前の量を補正する。この計量器を開発することで家庭内に保管されている食品・食材の情報は瞬時に把握できる。

24）このシステムには，在庫管理の情報機能を持たせたタッチパネル式の画面を持つ計量器や食品栄養素等コードなどの開発が必要であるが，これらの課題も現在の科学技術をもってすれば，その開発は可能となろう。今後の課題としては，零細食品加工業者や零細食料品店での当該システムの導入を如何に進めるかである。

25）賞味期限や消費期限が近づいた食品や食材などは，前述したようにタッチパネル式の計量器に予め食品栄養等コードや手入力により記録させた情報（賞味期限など）をもとに，メインとなるスマートフォンに計量器から強制送信・表示されてくるようにシステムを設計しておく。

26）一例として，食育との関わりは少ない算数の教科書（清水静海他58名，平成28年，pp.216-217）においても「学びをいかそう・みらいへのつばさ」というコーナーにおいて，食事バランスガイドの考えを使った1日の食事の量と栄養バランスの計算例を紹介するなど，食育への配慮がなされている。しかし，このような配慮がなされた教科書において，果たしてどれ程の学校が算数の時間にこの食育の内容を扱うかと考えた場合，各種の配慮が現実問題として生かされていないという課題を感じる。

27）共同調理場方式についてはセンター方式とも言い，複数の学校の給食について，その調理を一か所で行い，各学校の給食の時間までに配送する方式である。

28）中学校における学校給食実施率は87.5％（平成26年度）となっている（農林水産省，平成28年，「第3次食育推進基本計画の目標値と現状値」）。

【参考文献】

相原修（2014）「ミール・ソリューション－食提供業の構造変化」『商学集誌』第84巻，第1号

相原修（2015）「IEO市場の変貌とグローバル展開」『商学研究』第31号，日本大学商学部商学研究所，日本大学商学部会計学研究所，日本大学商学部情報科学研究所

池戸重信（2013）「食品表示制度と食育」『日本食育学会誌』第7巻，第2号

一般財団法人新日本スーパーマーケット協会（2014）『2014年版スーパーマーケット白書』

大津一義他12名（平成26年）『たのしいほけん3・4年』大日本図書

上岡美保・田中裕人（2009）「新聞記事件数からみた食育関連情報と食育活動の推移」『日本食育学会誌』第3巻，第4号

関東農政局消費・安全部（平成17年）『食育の推進について〜食に関する我が国の現状〜』

財団法人食品産業センター（平成19年）『「食事バランスガイド」活用マニュアル2007〜小売業・中食産業・外食産業編〜』

清水静海他58名（平成28年）『わくわく算数5』新興出版社啓林館

総務省政策評価・独立行政法人評価委員会 政策評価分科会2014（平成26年）12月1日の資料1 http://www.soumu.go.jp/main_sosiki/hyouka/dokuritu_n/kaigi_back.html（2015年5月15日アクセス）

総務省政策評価・独立行政法人評価委員会 政策評価分科会（平成27年）『食育の推進に関する政策評価書』総務省行政評価局 http://www.soumu.go.jp/menu_news/s-news/99039.html（2016年3月18日アクセス）

内閣府第6回食育推進会議資料（平成28年）「第3次食育推進基本計画（案）」http://www.maff.go.jp/j/syokuiku/link.html#fushou（2017年3月20日アクセス）

内閣府政策統括官（共生社会政策担当）付食育推進室「食育ガイド」http://www8.cao.go.jp/syokuiku/data/index.html（2015年3月20日アクセス）

内閣府食育推進室（平成24年）「食育に関する意識調査報告書」

内閣府食育推進室（平成25年）「食育に関する意識調査報告書」

内閣府食育推進室（平成26年）「食育に関する意識調査報告書」

内閣府食育推進室（平成27年）「食育に関する意識調査報告書」

内閣府食育推進室（平成28年）「食育に関する意識調査報告書」

内閣府食育推進室（平成28年）「第3次食育推進基本計画参考資料集」http://www.maff.go.jp/j/syokuiku/plan/refer.html（2017年3月20日アクセス）

日経レストラン編（2013）『フードビジネス実用事典改訂版』日経BP

根ヶ山光一・外山紀子・河原紀子編（2013）『子どもと食』東京大学出版会

農林水産省（平成20年）「平成19年度食料・農業・農村の動向　第1部食料・農業・農村の動向（案）（食料・農業・農村政策審議会企画部会（第3回）用参考資料）平成20年3月　参考資料2」平成19年9月以降開催分（平成19年7月，施策部会と統合後）www.maff.go.jp/j/council/seisaku/kikaku/bukai/03/pdf/ref_data2-15.pdf（2016年8月10日アクセス）

第7章 学校における食育の進め方について（提言）○───── 239

農林水産省「食生活及び農林漁業体験に関する全国調査」平成25年度〜27年度

農林水産省（平成27年）「平成26年度食料自給率について」http://www.maff.go.jp/j/
　zyukyu/zikyu_ritu/012.html（2016年7月20日アクセス）

農林水産省（平成28年）「第3次食育推進基本計画の目標値と現状値」http://www.maff.
　go.jp/j/syokuiku/attach/pdf/kannrennhou-4.pdf（2017年3月24日 アクセス）

文部科学省　平成20年3月告示『小学校学習指導要領』

文部科学省　平成20年3月告示『中学校学習指導要領』

文部科学省（平成22年）『食に関する指導の手引き─第一次改訂版─』東山書房

索　引

A－Z

AI···230

　──技術·······························230，231

BRICs·······································130，134

CSR········· 91 ～ 94，96 ～ 98，100，101，
　106，111，118，119

CSV·······································106，119

IEO·································207，225，231

Learning Pyramid·····························218

M&S········90，94 ～ 97，100，101，111

Marks and Spencer 社·····················90，118

NIEs··148

NTUC··141

Plan A··························94，98，102 ～ 104

SARS···144

Soup Stock Tokyo·····························48

SV···225

　──数·····························226 ～ 228

WTO（世界貿易機関）·····················153

ア

アウトソーシング·······························74

アジア通貨危機·················144，149，152

イノベーション··································7

内食···211，212

栄養教諭制度·····························213，233

延期化··76

エ

エンゲル係数·····································164

大河原毅··40

岡本晴彦··47

カ

外食·····························211，212，223，228

外部化···································74，75，77

カキリマ··133

活用と探索··3

川下戦略··33

環境適応··2

教科等横断的・総合的な指導·············220

業種···69，81

業態·····························69，72，73，81

共同調理場方式··································233

キラナ··136

クリエイト・レストランツ·············47

グリーン・ストア·····························102

グループ企業······································5

グローサラント··································159

グローバル・ソーシング·········99，114

グローバル調達原則·················99，108

グローバル・リテール・
　デベロップメント指数·····················137

健康日本 21··221

健康の三原則·····································222

コア事業··1

コア人材 …………………………………24	
コンテクスト ……………………………26	
コンテンツ ………………………………26	

サ

サプライチェーン ………73，74，77，81

事業経営（能力）………………………36

事業投資 …………………………………36

シナジー …………………………………3

    ──バイアス …………………………3

老舗事業 …………………………………1

生涯学習の理念 ………………………217

商社外し …………………………………36

消費期限 …………………………………72

食育基本法………207 〜 209，213，221，
231，232

食育の定義 ……………………………234

食事バランスガイド……216，223 〜 227，
229

食の安全・安心財団 …………………160

食の外部化 ………207，211，212，214

食料自給率 ……………………………211

新規事業の創造 …………………………1

ストーリー ………………………………26

生活様式 …………………………………66

タ

体験学習 …………………………217，218

ダバ・ワーラー ………………………136

団欒 ………………………………………65

畜産インテグレーション ………………39

出来立て …………………………72，75，77

手作り ……………………………………72

ナ

内製方式 …………………………………71

中食 …………63，65，67，211，212，223

新浪剛史 …………………………………33

日本型食生活 …………………………229

日本ケンタッキーフライドチキン
（日本 KFC）……………………………39

ハ

バイイング・ブリティッシュ原則
………………………………………98，99

パサール ………………………………131

パラダイム ………………………………2

フードシステム ………………………212

プライベート・ブランド ………………94

フランチャイズ ………………………148

プリブミ ………………………………130

ペアレンティング ………………………24

平均学習定着率 ………………………218

ヘルシー・イーティング………………90，
107 〜 109，111，112，114，118

ヘルシー・ミール…111，112，115，118

    ──事業 ……………………………119

ホーカーゼンター ……………………142

マ

三菱商事 …………………………………33

ミールソリューション …………128，165

無形文化遺産 …………………………167

ラ

リーマンショック ……………………144

流通革命‥‥‥‥‥‥‥‥‥158, 167
料理区分‥‥‥‥‥‥‥‥‥225 〜 228
レディー・ミール‥89, 103, 108, 110,
　114, 115

ワ

ワルン‥‥‥‥‥‥‥‥‥‥‥‥‥131

《著者紹介》（執筆順）

髙井　透（たかい・とおる）担当：第 1 章

現　在　日本大学商学部教授

髙井　透『グローバル事業の創造』千倉書房，2007 年。

髙井　透・神田　良「ボーングローバル企業再考」『世界経済評論』1-2 月号，pp.106-116,
2017 年。

神田　良・髙井　透・キャロラインベントン「日本型ボーングローバル企業の特徴─伝
統型グローバル企業およびタイ企業との比較を通して」『経済研究』（明治学院大学）
第 153 号 pp.101-132, 2017 年 1 月。

宇田　理（うだ・おさむ）担当：第 2 章

現　在　日本大学商学部教授

宇田　理「第 9 章 ヤマト運輸の情報化 1968 ～ 93 年」武田晴人編『日本の情報通信産業
史』有斐閣，2011 年。

宇田　理「第 6 章 戦略の多声性─楽天市場の発展史を中心にして─」大森信編著『戦略
は実践に従う』同文館，2015 年。

宇田　理「第 12 章 富士通第 9 代社長・山本卓眞─しなやかで強い「信じて任せる」リー
ダーシップ─」井奥成彦編著『時代を超えた経営者たち』日本経済評論社，2017 年。

木立真直（きだち・まなお）担当：第 3 章

現　在　中央大学商学部教授

木立真直編『卸売市場の現在と未来を考える─流通機能と公共性の観点から─』筑波書
房，2019 年。

木立真直「小売サプライチェーン論」木立真直・佐久間英俊・吉村純一編著『流通経済の
動態と理論展開』同文舘出版，2017 年。

木立真直「拡張する食品の品質概念と食関連企業の調達行動」佐久間英俊・木立真直『流
通・都市の理論と動態』中央大学出版部，2015 年。

戸田裕美子（とだ・ゆみこ）担当：第 4 章

現　在　日本大学商学部准教授

戸田裕美子「堤清二の流通産業論と消費社会批判」『社会科学論集』埼玉大学，第 154 号，
pp.15-44，2018 年。

戸田裕美子「流通革命論の再解釈」『マーケティング・ジャーナル』日本，マーケティン
グ学会，第 35 号第 1 号，pp.19-33，2015 年。

戸田裕美子「ダイエーとマークス＆スペンサー社の提携関係に関する歴史研究」『流通』日
本流通学会，第 35 号，pp.33-51，2014 年。

相原　修（あいはら・おさむ）担当：第 5 章

※編著者紹介参照

横山斉理（よこやま・なりまさ）担当：第6章

　現　在　法政大学経営学部・経営学研究科教授

　横山斉理『小売構造ダイナミクス―消費市場の多様性と小売競争』有斐閣，2019年。
　横山斉理「チャネル戦略の基本：ユニクロ」西川英彦・澁谷　覚編著『1からのデジタ
　　ル・マーケティング』（分担執筆）碩学舎，2019年。
　横山斉理「戦略的マーケティング」恩藏直人・三浦俊彦・芳賀康浩編著『ベーシック・
　　マーケティング（第2版）』（分担執筆）同文舘，2019年。

田中幸治（たなか・こうじ）担当：第7章

　元日本大学商学部准教授

　田中幸治「高等学校における商業教育の変遷とその課題」『日本大学商学部総合文化研究』
　　第20巻第2号，2014年。
　田中幸治「食育の経緯と課題」『日本大学商学部総合文化研究』第23巻第1号，2017年。
　田中幸治「職業指導・進路指導の課題」『日本大学商学部総合文化研究』第23巻第2号，
　　2017年。

新井田　剛（にいだ・たけし）担当：第6章

　現　在　J.フロントリテイリング株式会社　経営戦略統括部 ESG 推進部

　新井田　剛『百貨店のビジネスシステム変革』碩学舎，2010年。
　新井田　剛・水越康介「百貨店の外商制度と掛売りの歴史的変遷：小売業における新しい
　　関係性」『マーケティング・ジャーナル』日本マーケティング協会，第32巻第4号，
　　pp.63-78，2013年。
　新井田　剛「電鉄百貨店―日本初となるターミナル型百貨店を誕生させた阪急百貨店」崔
　　相鐵・岸本徹也編著『1からの流通システム』（分担執筆）碩学舎，2018年。

※執筆者紹介の順番が執筆順になっておりませんことをお詫び申し上げます。

《編著者紹介》

相原　修（あいはら・おさむ）

日本大学商学部教授。

[主要著書]

『現代フードサービス論』（共著）創成社，2015 年。
『フランスの流通・政策・企業活動』（共著）中央経済社，2015 年。
『グローバル・マーケティング入門』（共著）日本経済新聞出版社，2009 年。

（検印省略）

2019 年 3 月 28 日　初版発行　　　　　　略称 ─ボーダーレス食

ボーダーレス化する食

| | 編著者 | 相　原　　　修 |
| | 発行者 | 塚　田　尚　寛 |

| 発行所 | 東京都文京区
春日 2 ─ 13 ─ 1 | 株式会社　創　成　社 |

電　話　03（3868）3867　　ＦＡＸ　03（5802）6802
出版部　03（3868）3857　　ＦＡＸ　03（5802）6801
http://www.books-sosei.com　振　替　00150-9-191261

定価はカバーに表示してあります。

© 2019 Osamu Aihara
ISBN978-4-7944-2545-4 C 3034
Printed in Japan

組版：スリーエス　印刷：エーヴィスシステムズ
製本：カナメブックス
落丁・乱丁本はお取り替えいたします。

━━━ 経営選書 ━━━

ボーダーレス化する食	相 原　　修	編著	2,800 円
現代フードサービス論	日本フードサービス学会	編	2,300 円
感動経験を創る！ ホスピタリティ・マネジメント	山 口 一 美	著	2,600 円
モチベーションの科学 ― 知識創造性の高め方 ―	金 間 大 介	著	2,600 円
働く人のためのエンプロイアビリティ	山 本　　寛	著	3,400 円
転職とキャリアの研究 ― 組織間キャリア発達の観点から ―	山 本　　寛	著	3,200 円
昇 進 の 研 究 ― キャリア・プラトー現象の観点から ―	山 本　　寛	著	3,200 円
大学発バイオベンチャー成功の条件 ―「鶴岡の奇蹟」と地域 Eco-system ―	大 滝 義 博 西 澤 昭 夫	著	2,300 円
おもてなしの経営学［実践編］ ―宮城のおかみが語るサービス経営の極意―	東北学院大学経営学部 おもてなし研究チーム みやぎ おかみ会	編著 協力	1,600 円
おもてなしの経営学［理論編］ ― 旅館経営への複合的アプローチ ―	東北学院大学経営学部 おもてなし研究チーム	著	1,900 円
おもてなしの経営学［震災編］ ―東日本大震災下で輝いたおもてなしの心―	東北学院大学経営学部 おもてなし研究チーム みやぎ おかみ会	編著 協力	1,600 円
スマホ時代のモバイル・ビジネスと プラットフォーム戦略	東 邦 仁 虎	編著	2,800 円
イノベーションと組織	首 藤 禎 史 伊 藤 友 章 平安山 英 成	訳	2,400 円
経営情報システムとビジネスプロセス管理	大 場 允 晶 藤 川 裕 晃	編著	2,500 円
グローバル経営リスク管理論 ―ポリティカル・リスクおよび異文化 　　ビジネス・トラブルとその回避戦略―	大 泉 常 長	著	2,400 円

（本体価格）

━━━ 創 成 社 ━━━